김수미표 요만치 레시피북 1
수미네
반찬

일러두기

- 계량컵이나 수저 대신 "이 정도" "요만치" "는 둥 만 둥" "간장은 물 색깔 보고 기분 따라" 등 〈수미네 반찬〉의 레시피는 다른 레시피와 다르며, 보리굴비와 고사리처럼 도통 섞일 것 같지 않던 재료들도 맛깔스럽게 버무려져 식탁에 오릅니다.
- 가마솥에 안친 뜨끈하고 고소한 밥처럼 천천히 제대로 익혀 여러분 앞에 잘 차려놓았습니다.
- 하지만 책자를 보고 그대로 따라 하시는 분들을 위해 김수미 선생님의 레시피를 그대로 싣지 않고 한식 전문가의 도움을 받아 부분 해석해서 실었습니다. 재료의 양은 평균 3인분 이상을 기준으로 하였습니다.
- 한 끼 식단의 가치는 각종 조리 자격증과 값비싼 식재료만으로 계산되지 않고 만드는 사람의 정성과 요리에 대한 애정을 담기 때문에 요리에는 정량과 정답이 없다고 말할 수 있습니다.
- 반찬을 직접 만들어 먹는 사람들이 정말 쉽게 펴서 즐기며 볼 수 있는 ≪수미네 반찬≫으로 집 나간 입맛을 되찾으시기 바랍니다.

수미네반찬

김수미표 요만치 레시피북 ❶

김수미 · 여경래 · 최현석 · 미카엘 아쉬미노프 · tvN 제작부 지음

BM (주)도서출판 성안당

차례

서문
음식은 내게 그리움이자 설렘이다 / 11

part 1
내가 살던 고향 군산은 / 17

수미 반찬
● 고사리 굴비조림 / 23
김수미표 연근전 / 28

셰프 반찬
중국식 고사리 잡채 _여경래 셰프 / 33
고사리 연근 카나페 _미카엘 셰프 / 37
고사리 먹물튀김 _최현석 셰프 / 42

수미 반찬
● 묵은지볶음 / 49
묵은지 목살찜 / 54
갑오징어 순대 / 57

셰프 반찬
묵은지 짜춘권 _여경래 셰프 / 63
묵은지 연어 스테이크(수미의 산책) _최현석 셰프 / 67
묵은지 떡갈비 _미카엘 셰프 / 71

수미 반찬
● 김수미표 간장게장 / 77
게딱지 계란찜 / 82
보리새우 아욱국 / 85

셰프 반찬
불가리아식 맥주 꽃게 _미카엘 셰프 / 91
양념게장 계란볶음 _여경래 셰프 / 94
간장게장 파스타 _최현석 셰프 / 98

part 2

가슴 울렁거리는 아련한 그리움의 이름, 김화순 / 105

수미 반찬

- 참소라 강된장 / 111
- 소고기 고추장볶음 / 115
- 풀치조림 / 119

셰프 반찬

- 소라냉채 _여경래 셰프 / 125
- 유자 강된장 두부조림(수미의 숨결) _최현석 셰프 / 128
- 불가리아식 소라튀김 _미카엘 셰프 / 131

수미 반찬

- 오이소박이 / 137
- 열무 얼갈이김치 / 142
- 수육 & 양념 새우젓 / 146
- 열무 얼갈이김치 비빔국수 / 149
- 양배추 오이김치 / 152

셰프 반찬

- 된장 스테이크 _최현석 셰프 / 157
- 불가리아 김치, 뻥고추 _미카엘 셰프 / 160
- 소류완자 _여경래 셰프 / 163

수미 반찬

- 김수미표 아귀찜 / 171
- 전복 내장 영양밥 / 174
- 전복찜 / 179
- 명란젓 계란말이 / 182

part 3

아빠 생각 / 189

수미 반찬

- 코다리조림 / 195
- 오징어채 간장볶음 / 199
- 검은콩국수 / 202

셰프 반찬

- 두반 코다리 돼지볶음 _여경래 셰프 / 207
- 프랑스 가정식 브랑다드, 냉정과 열정 _오세득 셰프 / 211
- 코다리 애호박구이 _미카엘 셰프 / 217

수미 반찬

- 낙지볶음 / 223
- 조개탕 / 228
- 애호박 부추전 / 231
- 떡갈비 / 237
- 상추무침 / 241
- 오징어 도라지 초무침 / 244

셰프 반찬

- 한우 갈빗살 바게트구이 _미카엘 셰프 / 251
- 몽골리안 비프 _여경래 셰프 / 254
- 비프 슬라이더(수미 굿모닝) _오세득 셰프 / 258

수미네
반찬

추천사

모두의 추억, 엄마표 반찬

누구에게나 그리운 엄마 손맛.
소중한 사람들과 정겨운 음식을 나누는 소소한 행복.

〈수미네 반찬〉, 참 좋은 프로그램이다.
우리네 가슴 한 편 아련하게 자리 잡고 있던 엄마의 손맛을 매개로 따뜻한 위안과 행복을 주고 있는 〈수미네 반찬〉이 TV를 벗어나 또 다른 느낌의 즐거움을 전하게 되었다.

먼저 대한민국의 많은 어머니들을 대신해 매주 정겹고 속이 꽉 찬 레시피를 선사해주시는 김수미 선생님께 감사와 존경을 표하며, 소위 '쿡-방'의 홍수 속에서 한국적 정서가 물씬 담긴 '엄마표 반찬'이라는 소재로 푸드-예능의 또 다른 갈래를 펼친 제작진에게 힘찬 응원과 찬사를 보낸다.

부디 이 책을 통해 많은 분들의 소중한 추억과 그리움들이 각자의 저녁상에 소환되길 바란다.

/ CJ ENM 미디어 콘텐츠 Unit장 **이명한**

주방 Talk

사랑하며 배우며

〈수미네 반찬〉은 내게 신선한 충격을 안겨줬다. 한국 특유의 정情을 함께 버무려 차려낸 음식들은 특별한 가치로 반짝거렸다. 한국의 어머니만이 낼 수 있다는 '손맛'이 바로 이런 것이리라.
〈수미네 반찬〉은 내게 '대한민국'이다. 부디 이 책이 점차 희미해져가는 집밥의 소중함을 되새기는 계기가 되길 바라고 또 바라본다. / 셰프 **여경래**

내 인생 최고의 한 끼는 존경하는 어머니가 차려준 흔하디흔한 집밥이다. 아마 추억이란 이름의 조미료가 첨가됐기 때문일 터다. 김수미 선생님이 손수 정갈하게 차려낸 음식들은 시나브로 우리 밥상에서 사라져가는, 사뭇 진귀하기까지 한 반찬들이다. 우리 어머니의 손맛을 지켜나가고 있는 김수미 선생님의 따뜻한 노력이 새삼 감사할 따름이다. / 셰프 **최현석**

아직 이방인의 티를 모두 벗어버리지 못한 내게 〈수미네 반찬〉은 조금 더 가까이 한국인에 다가갈 수 있는 방법을 가르쳐준 소중한 스승이다. 김수미 선생님의 가르침을 통해 나는 한국에 한 걸음 깊숙이 들어갈 수 있었다.
제2의 조국에서 만난 또 다른 어머니, 김수미 선생님께 사랑의 마음을 가득 담은 메시지를 전하고 싶다. "수미 쌤! Thank you!" / 셰프 **미카엘**

오래전 학창 시절, 엄마가 정성스레 만들어주셨던 반찬들을 다시 맛볼 수 있어 행복한 시간이다. 외식 문화가 늘어나고 요리까지 점점 간편화되는 요즘, 사라져가는 우리의 따뜻한 반찬 문화가 〈수미네 반찬〉을 통해 다시 이어졌으면 하는 바람이다. 김수미 선생님, 오래오래 건강하세요. / 개그맨 **장동민**

수미네반찬

서문

음식은 내게 그리움이자 설렘이다

나는 오늘도 요리를 한다. 요리를 대접하는 대상은 늘 다르지만, 내가 만든 모든 음식을 빠짐없이 맛보는 단 한 사람이 있다.

'김화순'.

내 나이 열여덟, 당신의 어린 딸을 위해 불편한 노구를 이끌고 밭에서 열무를 뽑다 작고한 사랑하고 존경하는 어머니의 이름이다.

'꽃 화花' 자, '순할 순順' 자의 이름 그대로 꽃같이 아름다웠던 어머니는 내가 음식을 만드는 이유다.

어린 시절, 나는 꽤나 영특한 아이였다. 비록 으리으리한 빌딩보다 허름한 초가집이 많고, 세련된 신사·숙녀보다 말 못하는 소와 돼지가 많던 시골 마을에서 자랐지만 말이다.

아버지는 성적이 제법 좋았던 내가 퍽 자랑스러웠던 모양이다. 내가 초등학교를 졸업하자마자 황토고구마가 나오는 널찍한 고구마 밭을 몽땅 팔아 서울로 유학을 보냈던 까닭이다.

서울에 작은 방 한 칸을 얻어 주인집 눈치를 보며 살던 10대 소녀는 항상 배가 고팠다. 종종 어머니가 바리바리 음식을 싸들고 자취방을 방문했지만 대부분 냄비 밥에 신 김치를 반찬 삼아 끼니를 해결해야 했기에 늘 맛있는 음식에 대한 갈증에 허덕였다.

유난히 딸을 끔찍이 여기셨던 어머니는 내가 학교에 갔다 오면 조용히 불러 귓속말로 "찬장 속 비밀 창고에 굴비 고사리와 미제 사탕을 숨겨 놨다"고 속삭이곤 하셨고, 나는 부리나케 찬장으로 달려가 보물찾기 하는 심정으로 음식을 찾아냈다.

내게 음식이 그리움이자 설렘으로 다가오는 이유다.

'왜 나는 배우인데 정작 연기는 하지 않고 예능 프로그램에 목숨을 걸까?'

스스로에게 질문을 던져봐도 정답을 찾을 수 없었다.

그저 '내가 정성껏 만든 음식을 누군가가 맛있게 먹는 모습을 보는 게 좋아서'라는 케케묵은 교과서적인 대답을 겨우 찾았을 따름이다.

왕성한 식욕에 식탐까지 옹골찼던 언니, 오빠들의 등쌀에 행여 막내딸이 배를 곯지는 않을까 하는 걱정에 항상 몰래몰래 음식을 내놓던 화순 씨의 마음이 바로 지금 내가 요리를 하는 뜻과 한가지로 통한다.

막내딸이 음식을 탐하는 모습마저 사랑스럽게 바라보던 어머니의 마음이 손에 잡히는 듯하다. 나 역시 여경래 셰프가, 현석이가, 미카엘이, 또 다른 누군가가 내가 만

든 음식을 맛있게 먹는 모습을 바라보는 것만으로도 배가 두둑해지는 느낌이다.

못내 안타까운 사실은 이제 막내딸이 만든 음식을 평가해줄 어머니가 계시지 않다는 것이다. 그럼에도 불구하고 나는 오늘도 화순 씨에게 대접할 음식을 정성껏 만들어본다. 그리고 내가 직접 요리한 음식들이 놓인 상 한편에 어머니를 위한 자리를 만들어놓는다. 그 이름만으로도 그리운 사람, 어머니를 위해 만들기 시작한 요리가 여기까지 왔다는 사실이 새삼스럽다.

앞으로도 난 항상 누군가에게 음식을 퍼줄 거다. 김치, 게장, 육전, 닭볶음탕……. 내 음식을 먹고 싶어 한다면 난 언제든 앞치마 끈을 질끈 동여맬 것이다.

아깝지 않느냐고? 힘들지 않느냐고? 천만에! 내 마음을 엿보고 싶다면 지금 여러분도 직접 음식을 만들어 가장 사랑하는 이에게 대접해보라. 오히려 자신의 마음이 풍성해짐을 느낄 것이다.

부디 이 책을 통해 대한민국의 사랑이 한층 깊어지길 바라본다.

어린 시절 어머니가 만들어준 구수한 강된장을 쌀밥에 쓱쓱 비빈 후 갓 구운 박대 한 조각을 얹어 먹었던 행복한 기억이 떠오르는 밤이다.

_ 엄니 곁으로 다가가는 나이에
사랑스러운 막내딸 김수미

수미네반찬

part 1_ 고향

수미네 반찬

내가 살던 고향 군산은

산란기가 다가오면 자신이 살던 강으로 거슬러 올라가는 연어의 모습을 보고 있노라면 항상 고향을 그리워하는 나와 비슷하다는 생각이 들어. 무심코 흘러나오는 노랫가락이 귓가에 파고들어 심금을 울리는 것마냥 그 이름만으로도 해묵은 감정선을 툭 하고 터트릴 것만 같은 이름, 내 고향 군산은 늘 그리움이고 간절함이었지.

비록 동네 곳곳에 우리나라의 아픈 역사가 새겨진 낡은 건물들이 즐비한 탓에 쓸쓸함과 애잔함이 교차하는 마을일지라도 내게 단 하나뿐인 소중한 고향이라는 사실은 변하는 게 아니잖아.

비쩍 마른 내가 50년 팍팍한 서울살이를 꿋꿋이 버텨낼 수 있었던 것도 아마 그 고향에서 보낸 어린 시절 덕분이 아닐까?

여린 잎이 파릇파릇 올라오는 청靑 유월이 다가와 앞산에는 뻐꾸기

울음 구성지고, 분홍 진달래로 온 산이 벌겋게 익을 무렵이 되면 그게 다 내 놀이터고 정원이었지.

작약꽃 흐드러진 앞마당에 여름이 막 피어오를 때면 울타리 주변은 해바라기가 빙 둘러 서고, 마루 끝에서 지붕으로 연결한 철사를 타고 오르는 나팔꽃이 활짝 피어났어.

엄니는 계절마다 피는 꽃을 골고루 심었기 때문에 우리 집은 봄부터 가을까지 끊임없이 아름다운 꽃들이 피어나는 꽃의 정원이었지.

돌이켜 생각해보면 내가 누구보다 통이 크고 배짱이 좋아 때로는 '간덩이가 부은 것 같다'는 평가를 듣는 것도 아마 어린 시절 수천만 평이나 되는 넓은 정원에서 마음껏 뛰어놀았기 때문이라는 생각을 하게 돼.

특히 옥수수 밭 중턱 소나무에 아버지가 대놓은 그네를 타며 꿈을 품었고, 그 품은 꿈이 자라나 숲이 되었던 거야. 칡뿌리 캐 먹고, 삐비 뽑아 먹고, 찔레꽃 순 꺾어 먹고, 머루며, 홍시 등 순도 100% 무공해 신토불이 음식은 작고 마른 체구지만 단단한 강단을 갖게 해 주었어.

어느 지역이건 그 고장이 자랑하는 향토음식이 한둘쯤은 있기 마련이잖아. 하물며 곡창지대가 인접해 있어 일찍이 먹을거리가 발달한 전라도야 말해 무엇 하겠어.

조기 철이 가면 꽃게 철이 오고, 고추장에 박은 굴비 장아찌가 분식집 반찬으로 나오는 곳, 동네 백반집에서 오천 원짜리 한 장이면 그럴싸한 한정식 한상 제대로 대접받는 게 바로 내 고향 군산이 있는 전라

도야. 그곳이 내 고향이니 나 역시 음식을 해서 퍼 주고, 퍼 먹이는 것을 좋아할 수밖에. 나 김수미는 전라도의 근성이 DNA에 새겨진 여자!

어릴 때 밭농사만 짓던 우리 집은 보릿고개가 오면 누군가와 나눠 먹을 형편은 아니었지만 이웃의 불행을 나 몰라라 하지 않았어. 거지건 장사꾼이건, 배고프다고 찾아오는 사람에게는 시래기죽이라도 밥상을 차려내곤 했거든. 그런 집에서 나고 자란 나에게 어느 날 입덧이 심한 후배가 이러는 거야.

"선배님 갓김치 한 쪽만 먹으면 가라앉을 것 같아요."

전화를 끊자마자 나는 팔뚝만 한 여수 돌산 갓김치가 들어 있는 김치통을 헐어 맛있는 놈들로만 골라 한 통을 보내줬지. 물론 그 후배와 어릴 적 우리 집을 찾아오던 객들이 같은 건 아니었지만, 누군가에게 음식 인심이 박하지 않은 것은 부모님이나 나나 마찬가지인 듯해.

50년 서울살이를 하는 사이 내 입맛도, 솜씨도 조금은 변했을 거야. 시어머니의 편달이 있었고, 남편의 서울 입맛에도 장단을 맞춰야 했지. 하지만 난 아직도 음식 간을 볼 때에는 우리 집 일을 도와주시는 전라도 출신 아주머니에게 최종 확인을 받아. 그녀의 혀에 달라붙어 있는 '전라도의 간'을 믿기 때문이지.

그래, 내게 고향은 언제나 그리운 곳이야.

수미네 반찬

수미네반찬

수미 반찬 °

고사리 굴비조림 / 김수미표 연근전 /

셰프 반찬 °

중국식 고사리 잡채 / 고사리 연근 카나페 / 고사리 먹물튀김

고사리 굴비조림 / 김수미표 연근전

수미네반찬

고사리 굴비조림

고사리 향이 짙고 오동통하며 식감이 부드럽고 연한 것이 특징.

매년 4~5월 봄철, 고사리를 꺾는 손이 분주하다. 고사리가 식탁에 올라가려면 독성과 쓴맛을 빼기 위해 꼭 한 번 삶아야(15분) 한다. 끓는 물에 충분히 삶아진 고사리를 건져낸 다음 찬물로 잘 식혀준다. 날씨 좋은 날 햇볕에 말려주면(5일 정도) 식탁에 오를 준비 완료!

보리굴비 해풍에 말린 조기를 항아리에 넣고 보리를 채워 저장한 굴비. 보리의 향이 비린내를 잡고, 껍질 성분이 굴비를 숙성시킨다.

재료

쌀뜨물 1.5L, 보리굴비 15마리, 물 1L, 양조간장 7큰술(추가 4~5큰술), 국간장 1큰술, 삶은 고사리 1kg, 다진 마늘 4큰술, 양파 1개, 홍고추 2개, 대파 2대, 굵은 고춧가루 4큰술, 참기름 1큰술, 통깨 2큰술

만드는 법

볼에 쌀뜨물을 약 1.5L(보리굴비가 잠길 정도로) 붓고 보리굴비를 10분 정도 담가둔다.

tip. 쌀뜨물은 굴비의 비린내를 제거해주고 조림, 볶음에 활용 시 전분질 등이 녹아 나와 감칠맛을 낸다.

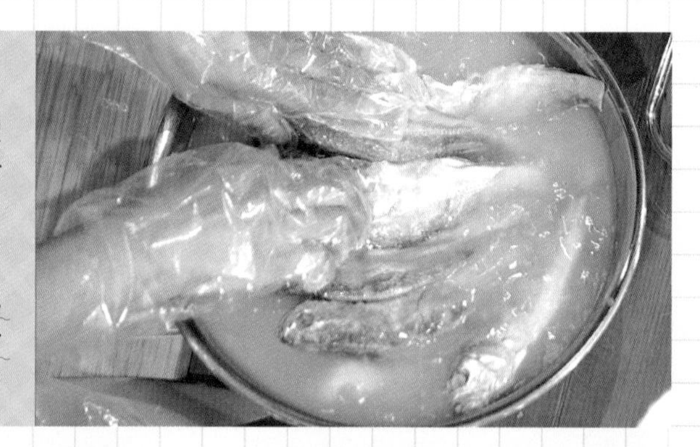

냄비에 물 1L를 붓고 끓으면 양조간장 7큰술, 국간장 1큰술을 넣는다.

냄비에 삶은 고사리 1kg을 넣은 다음 다진 마늘 4큰술 정도를 넣고 손으로 주물러 잘 섞어준다. 그리고 뚜껑을 닫고 센 불에서 익힌다.

수미네
반찬
만드는 법

❹

고사리가 끓을 동안 양파 1개를 굵직하게 채 썰고, 홍고추는 어슷하게 썬다. 대파도 어슷하게 썰어둔다.

tip. 양파는 오래 끓이기 때문에 도톰하게 채 썬다.

❺

고사리는 끓는 중간중간 뒤집어주고, 중간에 맛을 보아 간이 싱거우면 양조간장 4~5큰술을 넣어 간을 맞춘다. 이때 국물 간이 아니라 고사리 간을 본다. 나중에 넣을 굴비에 간이 되어 있기 때문에 고사리 간은 약간 싱겁게 맞추는 게 좋다.

❻

고사리가 흐물흐물할 정도(30분 정도)로 푹 익으면 쌀뜨물에 담가둔 굴비를 꺼내서 고사리 위에 올린다.

수미네
반찬
만드는 법

⑦

썰어놓았던 양파와 홍고추, 굵은 고춧가루를 1컵 정도의 쌀뜨물에 넣고 잘 섞은 뒤 고사리와 굴비가 들어 있는 냄비 안에 붓는다. 냄비 뚜껑을 닫고 조린다.

tip. 굴비의 비린내를 잡기 위해 만든 양념(양파+홍고추+쌀뜨물+고춧가루)을 냄비에 붓는다.

⑧

중간중간 국물을 끼얹어주면서 20분 정도 푹 끓여준 다음 어슷하게 썬 대파를 넣고 뚜껑을 덮어 중불에서 10분가량 더 조린다. 이때 취향에 따라 고춧가루를 더 넣어도 좋다.

⑨

국물이 자박할 정도로 조려지면 참기름 1큰술, 통깨 2큰술을 넣고 한 번 더 조려 완성한다.

tip. 참기름을 마지막에 넣으면 '고사리 굴비조림' 특유의 향과 색을 더욱 살릴 수 있다.

만드는 법

TIP

① 고춧가루의 매운맛은 입안을 개운하게 해주며 함유된 캡사이신 성분이 생선 비린내를 잡아주는 역할을 한다.

② 설탕을 넣지 않아도 양파의 단맛이 쌉쌀한 비린 맛을 잡아준다.

③ 생대파 특유의 향이 잡냄새를 잡아주고 익으면 단맛을 내기 때문에 활용도가 높다.

④ 굴비 대신 조기로도 가능하나 수미네 비법은 오래 조리는 것이기 때문에 살이 잘 부서지는 조기보다는 굴비를 추천. 영광굴비가 좋지만 인터넷 주문으로도 좋은 굴비를 얻을 수 있다!

⑤ 대량으로 만들어 식힌 후 3~4인분씩 나눠 냉동 보관! 식사 때 조금씩 데워먹는다.

수미네반찬

김수미표 연근전

연근 우리 생활에서 식재료뿐 아니라 약으로도 쓰이는 연근은 특유의 쓰고 아린 맛을 제거하기 위해 물에 담가두었다 쓴맛이 빠지면 조리하는 것이 좋다. 아삭아삭하고 고소한 식감으로 반찬으로 많이 활용되며, 구입 시에는 길고 굵은 것을 고르는 것이 좋다. 오래 두면 변색이 되므로 바로 조리하거나 먹어야 한다.

재료

연근 2개(600g), 다진 돼지고기 300g, 다진 소고기 300g, 다진 마늘 2큰술, 양조간장 2.5큰술, 쪽파 5뿌리, 참기름 1큰술, 후춧가루 1작은술, 밀가루 1/2컵, 달걀 3개, 올리브유 약간

명란 연근전 재료

연근 1개(300g), 명란젓 2~3쪽, 밀가루 1/3컵, 달걀 2개, 올리브유 약간

수미네
반찬
만드는 법

❶

다진 돼지고기와 다진 소고기를 1:1 비율로 볼에 넣고 다진 마늘 2큰술과 양조간장 2.5큰술, 잘게 다진 쪽파 5뿌리, 참기름 1큰술, 후춧가루 1작은술을 넣어 치대면서 섞는다.

❷

연근은 미리 소금물에 20분 정도 담가 둔다.

❸

손질해둔 연근은 약 7~8mm 두께로 반듯하게 썬 다음 미리 만들어둔 고기소를 연근의 구멍 속에 채워 넣는다.

수미네
반찬
만드는 법

❹
명란은 껍질을 벗겨내고 으깨서 연근 속에 채워 넣는다.

tip. 명란젓을 넣은 후 칼등으로 마무리하면 더 깨끗이 정리된다.

❺
구멍 속을 채운 연근에 밀가루-달걀 순으로 옷을 입혀 올리브유를 넉넉히 두른 팬에 노릇하게 부쳐낸다.

이때 젓가락으로 찔러보아 부드럽게 잘 들어가면 완성된 것이다.

tip. 초간장(간장 3:식초 2 정도의 비율)을 곁들여 먹는다. 명란 연근전은 짭조름하여 그냥 먹어도 맛있다.

수미네
반찬
만드는 법

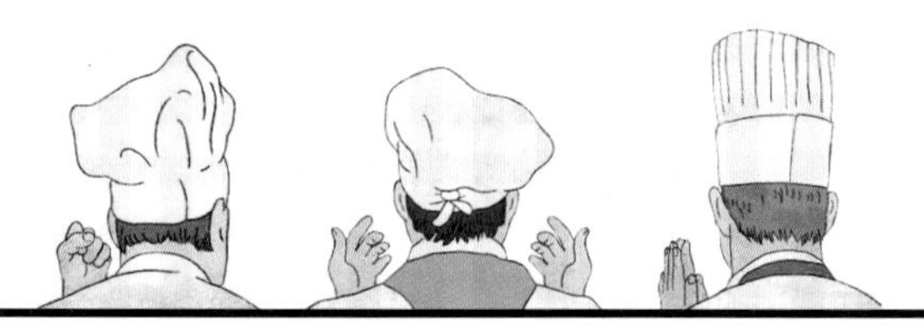

셰 프 반 찬

여경래 셰프

중국식 고사리 잡채

미카엘 셰프

고사리 연근 카나페

최현석 셰프

고사리 먹물튀김

여경래 셰프

중국식 고사리 잡채

중국 요리 전문가 여경래 셰프가 김수미표 '고사리' 반찬을 전수 받은 후 답례로 준비한, 고사리의 가장 연한 부분을 활용한 중국식 고사리 잡채!

재료

고사리 300g 정도(1줌), 돼지고기 안심 50g, 표고버섯 2개, 당근 1/3개, 피망 1개, 대파 1/2대, 양파 1/2개, 청양고추 1개, 식용유 2큰술

양념 고춧가루 2작은술, 굴소스 1.5큰술, 간장 1큰술, 참기름 1큰술

만드는 법

❶

고사리는 1줌 정도 먹기 좋은 길이(5~6cm 정도)로 썬다.

❷

표고버섯과 당근, 피망, 양파는 채 썰고 대파는 어슷하게 썬다. 청양고추는 잘게 다진다.

❸

돼지고기 안심도 채 썬다.

만드는 법

❹

달군 프라이팬에 식용유를 두른 뒤 고기와 양파를 넣고 간장 1큰술을 넣어 볶는다.

❺

썰어둔 파를 넣고 함께 볶아서 파기름을 만들어 향을 낸다.

tip. **중식은 파 향을 입히는 것이 중요한 요소!**

❻

파에서 향이 나면 썰어둔 나머지 채소들을 넣고 고춧가루와 굴소스를 넣어 볶는다.

만드는 법

7

양파가 투명하게 볶아지면 고사리를 넣어 볶는다.

마지막으로 다진 청양고추와 참기름을 넣어 한 번 더 볶아준다.
당면 대신 고사리를 넣은 중국식 고사리 잡채 완성!

tip. 칼칼한 청양고추와 윤기 나는 참기름으로 마무리!

미카엘 셰프

고사리 연근 카나페

불가리아 출신 요리 연구가 미카엘 셰프가 김수미표 '고사리' & '연근' 반찬을 전수 받은 후 답례로 준비한 고사리 연근 카나페! 뼈에도 좋고, 색다른 분위기에도 GOOD!

재료

치즈 200g, 연근 100g, 오이 절임 약간, 말린 토마토 3~4개,
고사리 줄기 20g, 후춧가루 약간, 딜(허브) 가루 약간

만드는 법

❶
치즈는 불가리아 전통 치즈 시레네를 200g 정도 준비한다.

❷
오이 절임과 말린 토마토 3~4개는 잘게 썰어준다.

❸
고사리는 줄기 부분만 20g 정도 잘게 다져준다.

만드는 법

❹

다진 고사리와 오이 절임, 말린 토마토, 치즈를 한 볼에 넣고 으깨가며 섞어준다.

❺

치즈에 후춧가루를 뿌려 간을 해준다.

❻

연근은 얇게 썰어 180도 정도의 식용유에 튀긴다. 노릇노릇하게 튀겨지면 건져내고 체에 밭쳐 기름을 뺀다.

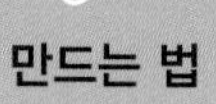

만드는 법

❼

만들어둔 고사리 치즈를 두 개의 숟가락을 사용해 동그란 모양으로 만든다.

❽

바삭하게 튀겨진 연근 위에 모양을 낸 치즈를 올린다.

❾

치즈 위에 남은 고사리와 딜(허브) 가루를 얹어 완성한다.

만드는 법

최현석 셰프

고사리 먹물튀김

크리에이티브한 이탈리안 셰프 최현석이 준비한 고사리 먹물튀김!

재료

고사리 적당량, 튀김가루 500g, 전분 24g, 밀가루 44g, 찹쌀가루 240g, 구운 김가루 40g, 오징어 먹물 12g, 물 1컵 정도, 장식용 딸기 약간, 튀김기름 적당량

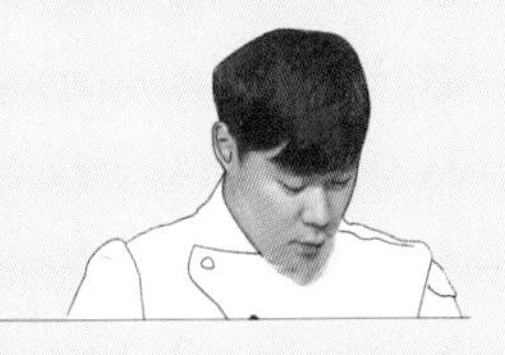

만드는 법

❶

볼에 튀김가루, 전분, 밀가루, 찹쌀가루를 넣어 가볍게 섞는다.

tip. 바삭한 튀김옷의 황금 재료!

❷

튀김이 식어도 바삭한 식감과 감칠맛을 내기 위해 구운 김가루 40g을 넣어준다.

❸

검정색을 내기 위해 오징어 먹물도 넣어준다.

만드는 법

❹

반죽을 만들기 위해 얼음물을 조금씩 넣어가며 잘 개어준다.

tip. 반죽이 주르르 흐를 정도로~

❺

고사리를 가지런히 말아 똬리를 틀어 주걱에 올려주고 만들어둔 오징어 먹물 튀김 반죽을 뿌려준다.

❻

4등분한 딸기를 고사리 위에 올리고 오징어 먹물 반죽을 한 번 더 뿌린다.

만드는 법

7
가열한 튀김기름에 고사리를 넣고 바삭하게 튀겨 건져낸다.

바삭바삭, 고소하고 감칠맛 나는 고사리 먹물튀김 완성!

"좋은 사람들과 맛있는 요리를 먹으며 담소를 나누는 것,
이런 게 바로 행복 아닐까요?"

수미네반찬

수미 반찬 °

묵은지볶음 / 묵은지 목살찜 / 갑오징어 순대

셰프 반찬 °

묵은지 짜춘권 / 묵은지 연어 스테이크 / 묵은지 떡갈비

묵은지볶음, 묵은지 목살찜, 갑오징어 순대

수미네반찬

묵은지볶음

묵은지 보양식으로도 인기가 좋을 정도로 몸에 좋은 묵은지! 묵은지는 물러지지 않고 아삭함이 살아 있는 것이 중요하다. 채소류의 즙들과 처음 김치를 만들 때 들어가는 소금 등의 복합 작용이 장이 깨끗해지는 것을 도와준다. 또한 단백질 분해 효소인 펙틴의 분비를 촉진시켜 위장 내의 단백질 분해, 음식물의 소화와 흡수를 돕기 때문에 소화 작용에도 도움을 준다.

재료

묵은지 1/2포기, 무청 2줌, 물 1L, 올리브유 3큰술, 멸치 10마리,
밴댕이(디포리) 5마리, 다진 마늘 3큰술, 양조간장 2큰술,
참기름 1큰술, 통깨 2큰술

만드는 법

❶
묵은지 1/2포기의 꽁지를 잘라내고 물에 씻으면서 김칫소를 깨끗이 털어 낸다.

❷
큰 냄비에 물 1L 정도(김치가 자박자박하게 잠길 정도)를 넣고 끓인다. 물이 끓으면 3일간 매일 새로운 물에 담가 준비해둔 묵은지와 무청 2줌을 넣는다.

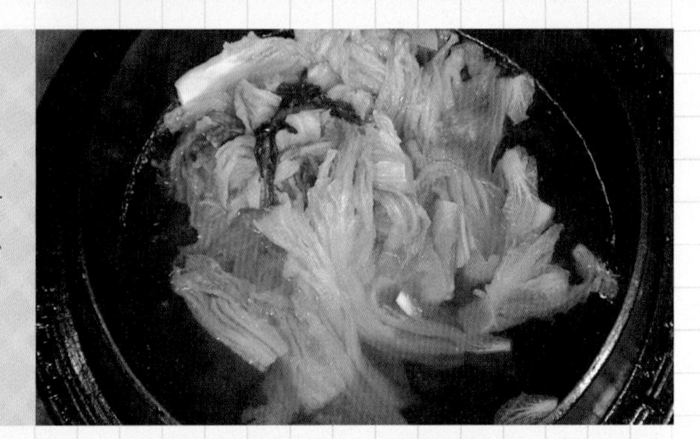

❶ TIP **김수미의 비법** 깨끗이 씻은 묵은지를 3일간 매일 새로운 물에 담가 시원한 곳에 보관하며 군내와 신맛을 제거한 후 사용한다. 묵은지의 머리를 잘라내 맛의 속(김칫소)을 제거해 양념을 최대한 빼내는 것이 포인트! 소금기와 젓갈 냄새를 제거할 수 있다.

❷ TIP **묵은지볶음 할 때 주의할 점** 1시간을 볶아도 배춧잎이 너덜너덜하지 않게 하며, 아삭한 맛에서 조금 더 볶는다.

수미네
반찬
만드는 법

❸

올리브유 3큰술을 넣고 뚜껑을 덮은 다음 센 불에서 한소끔 끓인 후 약불로 줄여 30분 정도 더 끓인다.

tip. 눈으로 봤을 때 윤기가 흐르면 OK!

❹

젓가락으로 배추를 찔렀을 때 쑥쑥 들어가면 멸치 10마리, 밴댕이(디포리) 5마리를 넣은 팩을 냄비 깊숙한 곳에 넣어 10분간 더 끓여준다.

tip. 5인 가족 기준, 밴댕이(디포리) 5마리+멸치 10마리

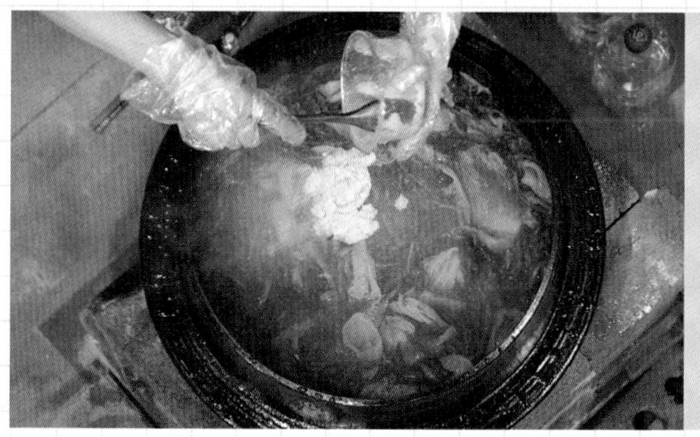

❺

약 10분 뒤에 멸치와 밴댕이를 넣은 면보를 꺼내고 다진 마늘 3큰술, 양조간장 2큰술을 넣어 간을 맞춘다. 불을 약하게 줄이고 20분 정도 끓인다. 국물이 자박자박해질 정도로 끓여지면 된다.

tip. 향을 살리는 마늘 대량 투하! 물이 질펀질펀 하면 안 된다.

수미네
반찬
만드는 법

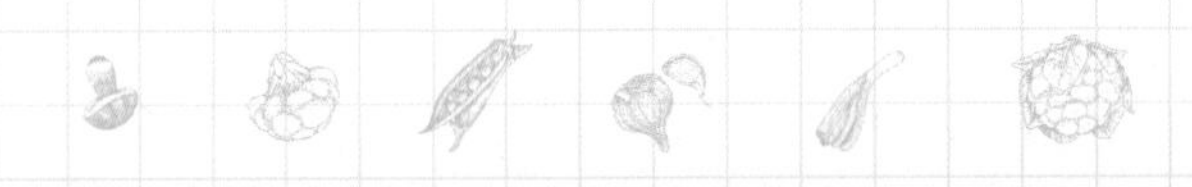

완성된 묵은지볶음에 참기름 1큰술, 통깨 2큰술을 뿌려주면 김수미표 묵은지볶음 완성!

tip. 묵은지볶음은 대량으로 만들어 식힌 후 3~4인분씩 나눠 냉동 보관! 식사 때 조금씩 데워 간편하게 먹을 수 있다.

"가족과 함께 밥을 먹는 소소한 행복.
가족 수가 많든 적든 가족을 한자리에 모이게 하는 식사 시간!"

수미네반찬

묵은지 목살찜

돼지고기 목살 필수아미노산과 단백질이 풍부하게 함유되어 있어, 성장기 어린이들에게 꼭 필요한 식품이라고 할 수 있다. 리놀렌산이 풍부하여 면역력을 높이는 효능도 있기 때문에, 면역력이 떨어질 수 있는 환절기에는 목살을 먹으면 좋다.

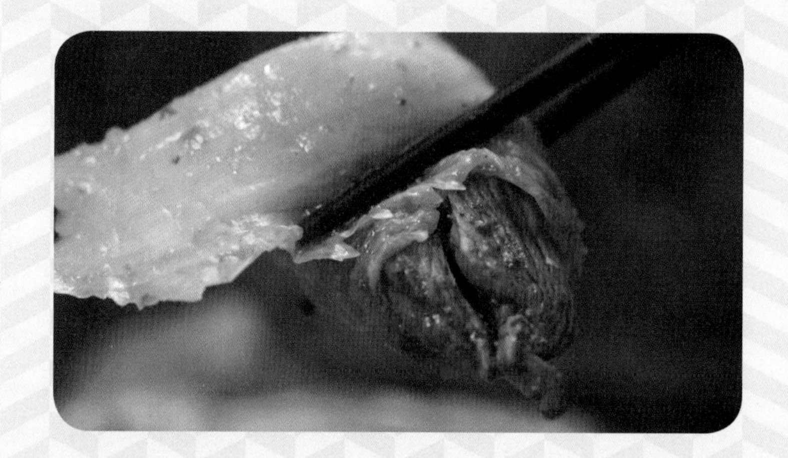

재료

묵은지 1포기, 뜨거운 물 1L, 돼지고기 목살 1.5근, 다진 마늘 2큰술, 양조간장 2큰술, 양파 2개, 대파 4대, 고춧가루 1작은술, 후춧가루 약간

수미네 반찬 만드는 법

깊은 프라이팬에 묵은지 1포기를 올려 약 1분간 지져주다가 뜨거운 물 1L를 붓고 끓인다. 돼지고기 목살은 칼집을 내주고 후춧가루를 뿌려둔다.

tip. 칼집을 내주면 고기가 연해지고 양념이 잘 밴다. 또 후춧가루를 뿌리면 잡내를 잡아준다.

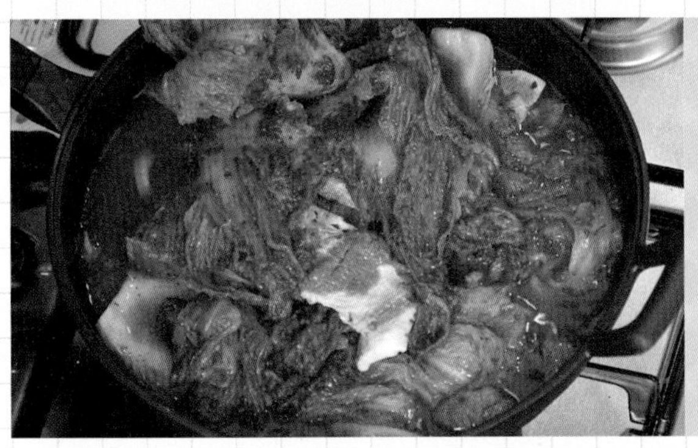

❷

묵은지가 끓기 시작하면 묵은지 이파리 사이사이에 손질한 돼지고기 목살을 켜켜이 넣어준다.

tip. 고기는 익은 상태를 봐가며 익혀준다.

❸

다진 마늘 2큰술을 넣고 끓이다가 양조간장 2큰술을 넣고 20분간 더 끓여준다.

수미네 반찬 만드는 법

양파 2개는 도톰하게 썰고, 대파 4대는 큼직하게 썰어서 고춧가루 1작은술과 함께 넣고 조려주면 완성!

tip. 마지막으로 잘라놓은 양파와 대파를 넣는다.

수미네반찬

갑오징어 순대

갑오징어 일반 오징어에 비해 뼈가 길고 납작하며 풍부한 단백질과 적은 지방은 물론 두툼한 살과 쫄깃한 식감을 가진 고급 식재료.

재료

갑오징어 1마리, 생새우 7마리, 당근 1/3개, 양파 1/3개, 고추 2개,
데친 당면 1줌, 부추 1.5줌, 두부 1/3모, 소금 1/2작은술,
후춧가루 1작은술, 밀가루 1/2큰술, 찹쌀밥 1공기

만드는 법

❶

갑오징어의 갑(뼈)과 내장을 빼내고 먹물을 제거한 뒤 고운 소금으로 문지르며 배 쪽 껍질을 벗겨준다.

tip. 등껍질을 벗기면 순대가 터지기 때문에 배 쪽 껍질만 제거한다.

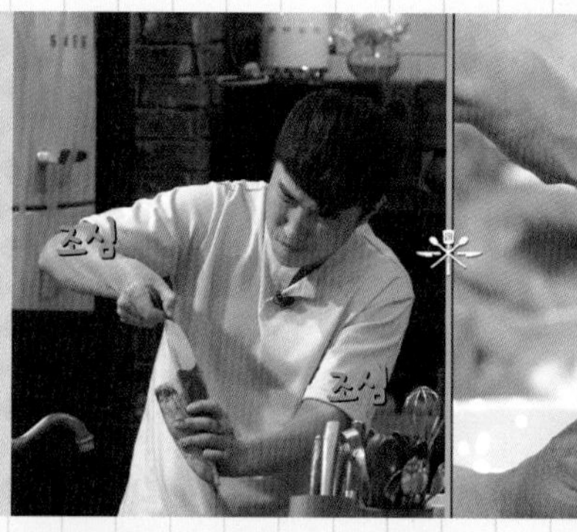

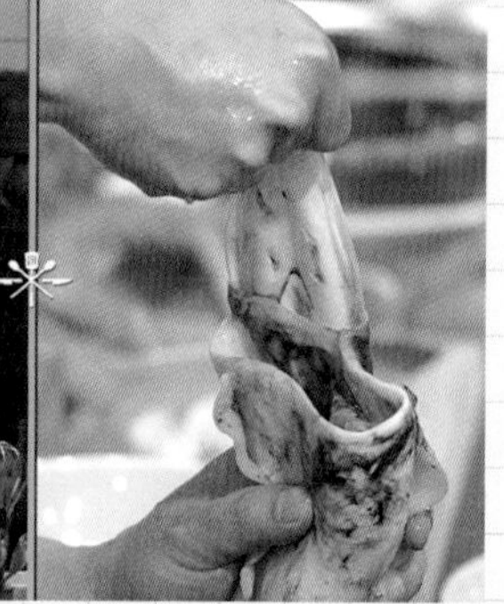

❷

순대 소로 들어갈 오징어 다리, 생새우 7마리, 당근 1/3개, 양파 1/3개, 고추 2개, 부추 1.5줌, 데친 당면 1줌을 잘게 다져준다.

tip. 양파를 너무 많이 넣으면 질퍽해진다.

두부 1/3모 정도를 면보에 싸서 꾹꾹 눌러 으깨며 물기를 빼낸 뒤 잘게 다져준 순대 소 재료들과 섞어준다.

수미네
반찬
만드는 법

❹

순대 소 재료에 소금은 넣은 둥 만 둥(1/2작은술), 후춧가루는 넣은 둥 만 둥(1작은술), 밀가루 1/2큰술을 넣고 미리 쪄둔 찹쌀밥 1공기를 조금씩 떼서 살살 뿌려 넣으며 골고루 섞어준다.

tip. 간장을 넣으면 질퍽해지므로 소금으로 간한다.

❺

갑오징어의 배 속에 순대 소를 채운다.
(방송에서는 꽉꽉 빵빵하게 채우라고 말씀하셨지만 후에 순대가 터져버렸다는 사실은 안 비밀!^^)

❻

순대 소가 빠져나오지 않도록 입구를 이쑤시개로 최대한 꼼꼼히 꿰매준다.

수미네
반찬
만드는 법

❼
만들어진 갑오징어 순대를 예열된 가마솥에 10분간(충분히 속이 익을 때까지) **찐 후 가마솥 불을 끄고 1분간 더 뜸을 들여준다.**

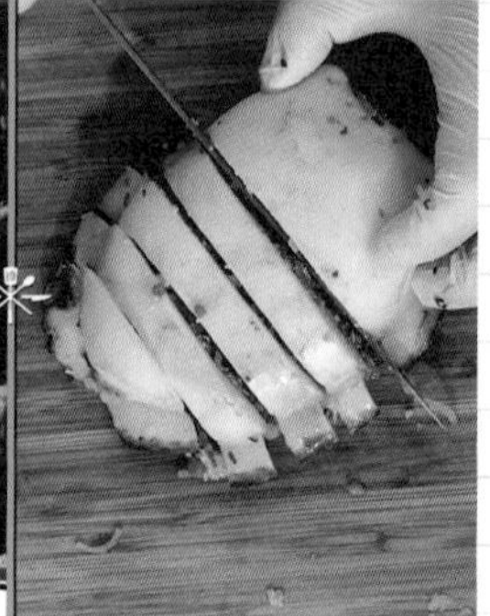

❽
솥에서 꺼내 먹기 좋게 한입 크기로 썰어준다.

tip. 초간장에 찍어 먹으면 맛이 좋다.
(양조간장 : 식초 = 3 : 2의 비율)

김수미표 갑오징어 순대 완성!!

수미네
반찬

짧은 시간 동안 이렇게 맛있게 준비해서
좋은 사람들과 함께 먹는다는 게
얼마나 인생에서 행복한 시간인지…….

셰 프 반 찬

여경래 셰프

묵은지 짜춘권

최현석 셰프

묵은지 연어 스테이크(수미의 산책)

미카엘 셰프

묵은지 떡갈비

여경래 셰프

묵은지 짜춘권

중국 요리 전문가 여경래 셰프의 '묵은지 짜춘권'.
아삭아삭 식감까지 맛있다!

재료

묵은지 1/4포기, 돼지고기 안심 100g, 양파 1/2개, 피망 1/4개,
표고버섯 1개, 죽순 약간, 간장 2큰술, 굴소스 1.5큰술, 달걀 2~3개,
밀가루 풀 1/2컵 정도

만드는 법

❶

씻은 묵은지는 얇게 채 썰고, 돼지고기 안심도 얇게 채 썬다. 프라이팬에 기름을 두르고 채 썬 묵은지와 돼지고기에 간장 2큰술을 넣고 볶는다.

❷

양파, 피망, 버섯, 죽순 등 취향에 따라 좋아하는 채소를 채 썰어서 돼지고기를 볶는 중에 넣는다.

❸

굴소스를 넣어 감칠맛을 더해준다.

만드는 법

❹

얇고 커다란 달걀지단을 만든다.

❺

달걀지단의 테두리에 밀가루와 물로 만든 밀가루 풀을 넉넉히 바르고, 가운데 안쪽에 볶은 묵은지와 채소를 넣어 김밥 말듯이 돌돌 만다.

❻

달걀지단 위에도 밀가루 풀을 넉넉히 바르고 기름을 두른 프라이팬에서 노릇노릇 굽는다.

만드는 법

❼

겉면이 노릇하게 익으면 한입 크기로 잘라 접시에 담는다!

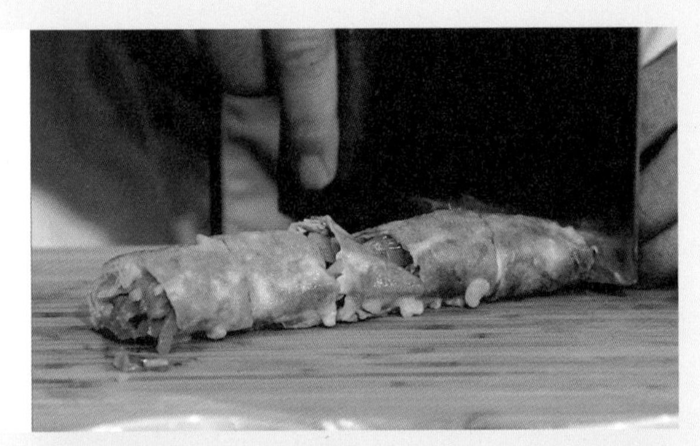

묵은지의 세계화!
중국식 묵은지 짜춘권 완성!

최현석 셰프

묵은지 연어 스테이크(수미의 산책)

수미 쌤의 애제자가 되고 싶었던 최현석 셰프! 묵은지를 소스로 활용한 묵은지 연어 스테이크, 일명 '수미의 산책'으로 김수미 쌤의 마음 공략 성공!

재료

생연어 4조각(200g), 씻은 묵은지 4쪽, 소금, 후춧가루, 화이트 와인 1컵, 버터 40g, 꿀 1~2큰술, 오디 약간

만드는 법

❶

가시를 제거한 두툼한 연어에 소금과 후춧가루를 뿌려 밑간을 한다.

tip. 소금을 너무 가까이에서 뿌리면 뭉칠 수 있으므로 위에서 뿌려준다.

❷

묵은지 소스를 만들기 위해 씻은 묵은지를 아주 잘게 썰어서 냄비에 넣는다. 여기에 먹다 남은 화이트 와인을 넣고 끓인다.

❸

묵은지가 부드러워지도록 팔팔 끓인 뒤 버터를 넣어 녹인다.

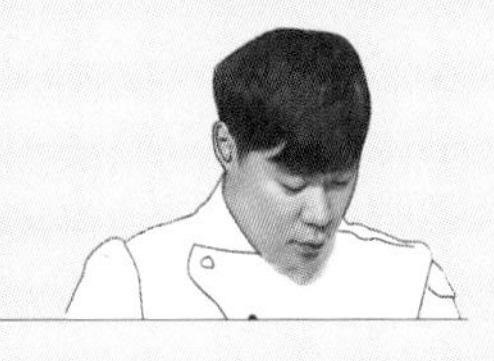

만드는 법

❹

설탕 대신 꿀을 1~2큰술 정도 넣고 잘 섞이도록 더 끓인다.

❺

달군 팬에 기름을 넉넉히 두르고 밑간을 한 연어를 껍질 쪽부터 프라이팬 위에서 구워준다.

tip. 소금과 후춧가루로 간을 한 연어를 구워준다.

그릇 위에 만들어진 묵은지 소스를 깔고 노릇노릇하게 구운 연어 스테이크를 올리면 묵은지 연어 스테이크, 일명 '수미의 산책' 완성!

수미네
반찬
묵은지 소스를 품은 연어
묵은지 연어 스테이크
어
머
이름하여... 수미의 산책

미카엘 셰프

묵은지 떡갈비

수미 쌤의 묵은지를 활용한 미카엘 셰프의 불가리아식 레시피!
재료가 초간단한 불가리아식 묵은지 떡갈비!

재료

묵은지 1/8포기 정도, 다진 소고기와 돼지고기 섞은 것 300g,
베이컨 4줄, 표고버섯 1개, 레드와인 1/2컵, 감말랭이 1컵

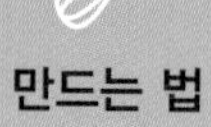

만드는 법

❶

썻지 않은 묵은지를 잘게 썬다.

tip. 베이컨과 표고버섯도 채 썰듯이 잘게 썰어둔다.

❷

프라이팬에 잘게 썬 묵은지, 베이컨, 표고버섯을 넣고 달달 볶아준다.

❸

볶은 재료에 레드 와인을 조금 넣어 묵은지의 군내를 잡고 연하게 만들어준다.

만드는 법

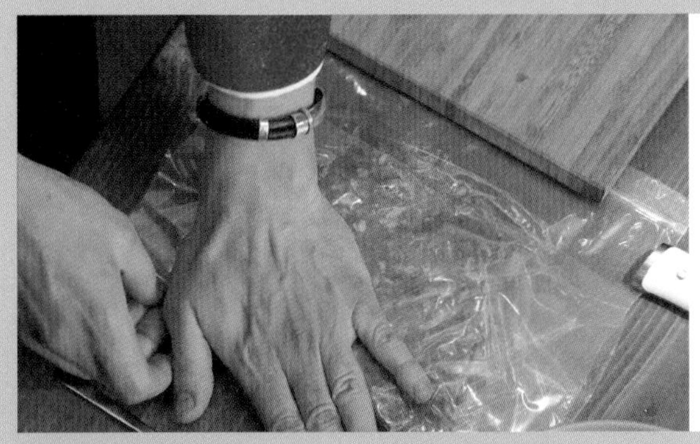

❹

다진 소고기와 돼지고기 덩어리를 비닐 팩으로 감싼 후 손으로 눌러 펴준다.

tip. 비닐을 사용하면 도마나 손바닥에 달라붙는 것을 방지하고 깔끔하게 만들 수 있다.

❺

판판하게 펴진 고기 반죽 위에 묵은지와 볶은 재료들을 듬뿍 올려준다.

❻

만두를 만들 듯 반으로 접어 묵은지와 볶은 재료들이 빠져나오지 않도록 고기 반죽을 닫아준다.

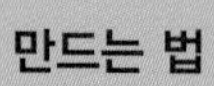

만드는 법

❼

프라이팬 위에 기름을 두르고 고기 반죽을 익힌다.

❽

7~8분 정도 바삭하게 구워주면 불가리아식 묵은지 떡갈비 완성!

예쁘게 썰어서 접시에 담으면 끝!

수미네반찬

수미 반찬

김수미표 간장게장 / 게딱지 계란찜 / 보리새우 아욱국

셰프 반찬

불가리아식 맥주 꽃게 / 양념게장 계란볶음 / 간장게장 파스타

김수미표 간장게장 게딱지 계란찜 보리새우 아욱국

수미네반찬

김수미표 간장게장

오랜 세월 수십 번의 시행착오 끝에 완성된 화제 만발의 김수미표 간장게장 레시피! tvN 〈수미네 반찬〉에서 최초로 공개한 김수미표 간장게장. 그 손맛의 비결을 확인하러 GOGO!

재료

꽃게 2마리, 청·홍고추 1개씩, 통깨 약간

육수용 재료

물 2.5L, 황기 1줌, 표고버섯 6개, 다시마 4장, 통생강 큰 것 2개, 통마늘 9개, 대추 6개, 대파 뿌리 2개, 통양파 1개, 사과 껍질째 1개, 월계수 잎 6개, 마른 홍고추 10개, 육수용 멸치 10마리, 밴댕이 8마리, 고추씨 2큰술, 통후추 1작은술, 양조간장 300ml, 매실액 2큰술, 사이다 2큰술, 소주 1큰술

수미네
반찬
만드는 법

❶

냄비에 물을 받아 황기, 월계수 잎, 대파 뿌리, 표고버섯, 다시마, 통생강, 통마늘을 넣고 단맛 내는 재료 대추 6개, 통양파 1개, 사과 1개(껍질을 벗기지 않고 반으로 자른 것)와 얼큰한 맛 내는 재료인 마른 홍고추 10개를 넣고 센 불에서 30분간 끓인다.

tip. 간장게장은 제일 중요한 게 육수!

❷

중불로 바꿔 1시간 정도 더 끓인 후 재료들이 어느 정도 흐물흐물해지면 육수용 멸치 10마리, 밴댕이 8마리, 고추씨 2큰술, 통후추 1작은술을 넣고 약불에서 20분간 더 끓인다.

tip. 체에 거르기 때문에 멸치와 밴댕이(디포리)는 통으로 넣는다.

❶ ❷ TIP

월계수 잎 월계수 잎은 우려내면 맛이 묘하지만 특유의 강한 향이 게의 비린내를 제거하는 데 도움이 된다.

황기 냄새 제거용으로 꼭 넣어야 하는 황기는 한방 재료 중 하나로 게 비린내 제거에 효과적이다. 삼계탕과 같은 보양식에도 들어간다. 물이 안 끓을 때 넣어도 된다.

대파 뿌리 꽃게 잡내 제거에 효과적이며 감칠맛을 내는 데 도움이 된다.

멸치와 밴댕이(디포리)를 중간에 건져내는 이유 멸치와 밴댕이(디포리)를 넣고 오래 끓이면 국물이 탁해지고 텁텁해지며 쓴맛이 나기 때문이다. 고추씨는 나중에 넣어줘야 적당히 칼칼한 맛을 낸다.

수미네
반찬
만드는 법

③
멸치와 밴댕이만 건져내고 양조간장 300ml를 넣어 중불에서 끓여준다.

tip. 게 두 마리 기준, 간장은 300ml 넣기.

④
마지막으로 불을 끄고 뜨거울 때 매실액 2큰술, 사이다 2큰술, 소주 1큰술을 넣어 골고루 섞어준다.

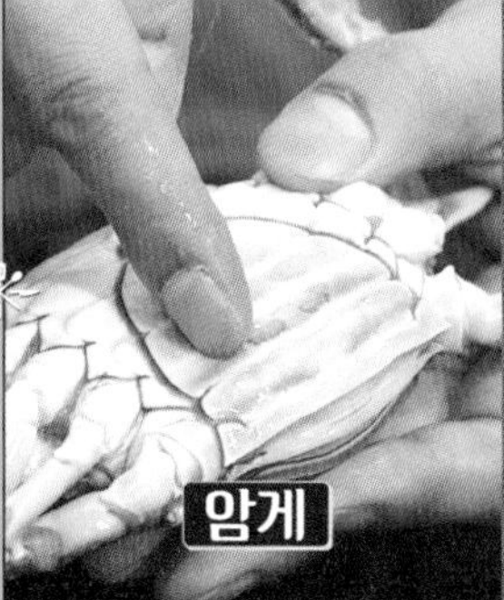

④ TIP
매실액과 소주와 사이다는 불을 끄고 뜨거울 때 넣는다. 게장은 단 것과 상극이기 때문에 설탕을 못 넣는다. 수미네 간장게장의 단맛은 양파와 사과, 대추의 영향. 사이다는 시원함과 단맛은 물론 게의 비린맛과 떫은맛을 잡아줘 간장게장에도 적극적으로 사용한다.

수미네 반찬 만드는 법

❺
면포 또는 체를 사용해 건더기를 걸러 국물만 받아내어 완전히 차가워질 때까지 식힌다. 게는 솔로 구석구석 문질러 닦는다. 닦은 게는 물기가 빠지도록 바구니에 담고 마른 행주로 닦아준다(물기가 최대한 없도록).

tip. 건더기를 거르고 국물만 빼내기.

❻
게를 배가 위로 보이게 놓은 후 국물을 부어 준다.

❼
국물이 배 쪽으로 잘 들어가도록 게가 완전히 잠길 때까지 다 넣는다.

수미네
반찬
만드는 법

❽
간장게장을 냉장고에 넣고 3~4일 정도 숙성시킨 후 꺼내서 국물만 냄비에 덜어낸 후 팔팔 끓여 차갑게 식힌 다음 다시 부어 냉장고에서 3~4일 보관한다.

3~4일 보관 후 맛있게 먹으면 된다. 국보급 밥반찬, 김수미표 간장게장 완성!

꽃게 닦는 방법

칫솔을 사용해 꽃게를 이 닦듯이 구석구석 닦아준다. 다 씻은 꽃게는 물기가 빠지도록 바구니에 담아놓는다. 깨끗이 손질한 게는 물기가 없도록 마른 행주로 닦아준다. 꽃게의 산란기는 6~8월. 산란을 준비하는 이 시기의 암꽃게는 알이 꽉 차 최고로 친다. 꽃게의 맛은 6월의 암꽃게가 최고! 산란을 코앞에 둔 암꽃게는 방생한다. 간장게장은 암꽃게로 담근 것이 최고! 알찬 암꽃게를 구별하기 위해선 배 양 끝부분에 주황색 알이 보이는지 확인!

수미네반찬

게딱지 계란찜

꽃게 꽃게의 생산 시기는 봄철 3~6월, 가을철 9~12월이다. 봄철에는 알을 밴 암컷이 최고의 맛을 내고, 가을철에는 암꽃게의 육질이 산란으로 연해져 있어 살이 단단하게 찬 수꽃게가 맛이 좋다. 게는 몸속에 열이 많고, 가슴이 답답한 사람들의 속을 시원하게 해준다. 또한 간장이 음기를 도와주므로 눈을 밝게 하며, 골수를 보충해주고 근육과 뼈를 튼튼하게 하는 효과도 있다.

재료

게딱지 8개, 계란 4개

만드는 법

❶

쓴맛을 내는 게딱지 속의 창자를 떼어 낸다.

tip. 간장게장 게딱지의 창자는 쓴맛이 나기 때문에 떼어낸다.

❷

게딱지 옆구리 끝 속에 숨겨져 있는 알을 중심 부위로 꺼낸다.

❸

게딱지 속에 계란물을 부어 채운다.

수미네
반찬
만드는 법

❹
김 오른 찜통에 7~8분 넣어 익혀주면
초간단 김수미표 게딱지 계란찜 완성!

수미네반찬

보리새우 아욱국

아욱 단백질과 칼슘이 풍부해 발육기 어린이에게 좋다. 아욱 특유의 달달한 맛과 차가운 성분은 식욕을 북돋아준다. 또한 소화를 잘되게 하며 폐의 열을 내려줘 기침을 멈추게 하는 효능도 있다. 먹기 좋은 사이즈로 썰어서 따듯한 물에 가볍게 데쳐 물기를 제거한 후 냉동 보관하면 장기간 보관이 가능하다. 아욱은 국이나 탕, 전골 등에 이용하면 영양가가 높은 재료이다.

재료

아욱 1단, 된장 1.5큰술, 양파 1/6개, 풋고추 1개, 쪽파 1뿌리,
보리새우 1줌(30g), 마늘 맘대로(2/3큰술), 고춧가루 1/3작은술

육수 재료

물 850ml(3인분), 다시마 3장, 마른 표고버섯 5개, 밴댕이 5마리

수미네
반찬
만드는 법

❶
냄비에 물을 알아서 넣고(3인분에 850 ml) 물이 끓을 때 다시마 3장, 마른 표고버섯 5개, 밴댕이 5마리를 넣어 15분 정도 끓여준다.

❷
아욱의 억센 줄기 부분은 뜯어내고, 이파리 부분은 배신한 여자의 머리카락을 쥐어짜듯 비비며 흐르는 물에 씻어준다.

tip. 아욱은 비벼서 씻어야 미끈미끈한 성분을 씻어낼 수 있다.

❸
작은 그릇에 물을 담아 된장을 삼삼하게(1.5큰술) 풀어주고 채 썬 양파 1/6개, 풋고추 1개, 쪽파 1뿌리는 송송 썰어 준비한다.

수미네
반찬
만드는 법

❹
냄비에서 육수용 건더기를 꺼낸다.

tip. 디포리는 15분 이상 끓이면 내장의 쓴맛이 올라오므로 시간 체크가 중요!

❺
냄비에 풀어놓은 된장과 보리새우 1줌(30g), 씻은 아욱을 넣는다.

❻
준비해둔 채소들(양파, 풋고추, 쪽파)과 다진 마늘 맘대로(2/3큰술), 고춧가루 1/3작은술을 넣고 끓인다.

수미네 반찬 만드는 법

7

마지막으로 쪽파를 썰어 넣은 다음 냄비의 뚜껑을 닫고 불을 끈다. 냄비의 열기로 얼마간 뜸을 들여주면 호로록 삼삼하고 맛있는 보리새우 아욱국 완성!

tip. 썰어놓은 파를 넣고 불을 끄면 파가 잔열로 익는다.

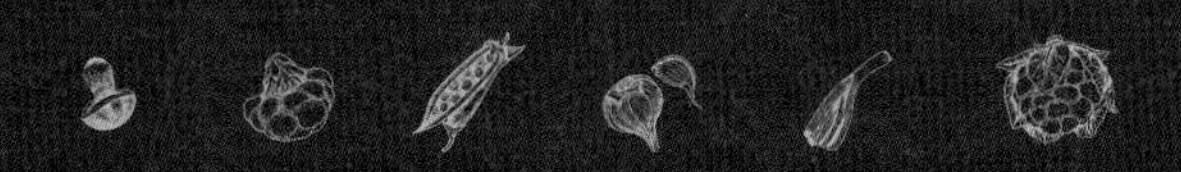

수미네 반찬
세 번째 반찬
보리새우 아욱국
Oh my god

셰 프 반 찬

미카엘 셰프

불가리아식 맥주 꽃게

여경래 셰프

양념게장 계란볶음

최현석 셰프

간장게장 파스타

미카엘 셰프

불가리아식 맥주 꽃게

맥주를 마신 꽃게! 바삭바삭 짭조름, 향기가 좋아요!

재료

꽃게 2마리, 맥주 1캔, 향신료(월계수 잎 1장, 흑후추 1큰술, 홍후추 1큰술, 팔각 1개, 말린 딜(허브) 가루 1큰술, 세이보리(허브) 가루 1작은술), 당근 1/2개, 양파 1/2개, 대파 1대, 풋고추 1개, 케이퍼 베리 적당량

만드는 법

❶

냄비에 맥주를 콸콸콸 붓는다.

❷

냄비에 게의 비린내를 제거할 다양한 향신료들을 넣어준다.

❸

당근, 양파, 대파, 풋고추를 수미 쌤처럼 대충대충 알아서 깍둑썰기 해 냄비에 넣어주고, 마지막으로 게를 통째로 투척한다.

tip. 양념 완성 후 꽃게 입수!

만드는 법

❹

모든 재료들을 함께 끓여 게가 익을 정도(약 10분 정도)로 삶아준다.

❺

향신료가 들어간 맥주에 푹 담겨 곱게 삶아진 게를 먹기 좋게 잘라서 채 썬 양파, 케이퍼 베리 등과 함께 먹으면 끝!

tip. 게딱지 위에 게다리를 곱게 얹어주면 완성!

❷ TIP

향신료 월계수 잎, 흑후추 1큰술, 홍후추 1큰술, 팔각 1개, 말린 딜(허브) 가루 1큰술, 세이보리(허브) 가루 1작은술

여경래 셰프

양념게장 계란볶음

돈이 있어도 사 먹을 수 없는 실제 중국 가정식 요리! 밥반찬으로 간장 게장 못지않은 여경래 셰프의 양념게장 계란볶음 레시피!

재료

게 4마리, 계란 10개

볶음 양념 간장 알아서 대충(5큰술), 두반장 1/4큰술, 고춧가루 4작은술, 굴소스 1/4큰술, 맛술 1큰술, 참치액젓 1큰술, 다진 마늘 1큰술, 다진 양파 1/2개, 다진 대파 1/2대, 생강즙 1큰술, 올리고당

만드는 법

❶

게를 등딱지는 떼고, 몸통은 먹기 좋은 크기로 잘라둔다.

❷

볶음 양념을 만들기 시작한다.

❷ TIP

볶음 양념

간장 알아서 대충(5큰술), 두반장 1/4큰술, 고춧가루 4작은술, 굴소스 1/4큰술, 맛술 1큰술, 참치액젓 1큰술, 다진 마늘 1큰술, 다진 양파 1/2개, 다진 대파 1/2대, 생강즙 1큰술 짜악, 마지막으로 올리고당을 휘휘 한 두 바퀴 뿌린 후 이것들을 섞어서 볶음 양념을 만들어준다.

만드는 법

❸

양념장에 잘라둔 게를 버무려서 간이 배도록 2~3분간 재어둔다.

❹

프라이팬에 기름을 두르고 다진 대파를 볶아 향을 낸 뒤 양념한 게를 넣고 물을 반 컵 정도 넣어 조려준다.

❺

어느 정도 물이 조려지면 계란을 풀어 만든 계란물을 게 주위로 둘러서 부은 후 익혀준다.

tip. 여경래 셰프의 경우 게 2마리에 계란 10개 넣음.

만드는 법

⑥

계란이 익은 후 게와 함께 섞어 볶아주면 돈이 있어도 못 사 먹는 실제 중국 가정식 요리, 양념게장 계란볶음 완성!

최현석 셰프

간장게장 파스타

수미 쌤의 간장게장을 활용한 최현석 셰프의 새로운 메뉴!
누구나 따라 할 수 있는 초간단 레시피, 간장게장 파스타!

재료

간장게장 1마리, 카펠리니 면 70g 정도,
간장게장 국물 2큰술, 참기름, 고운 소금 약간

만드는 법

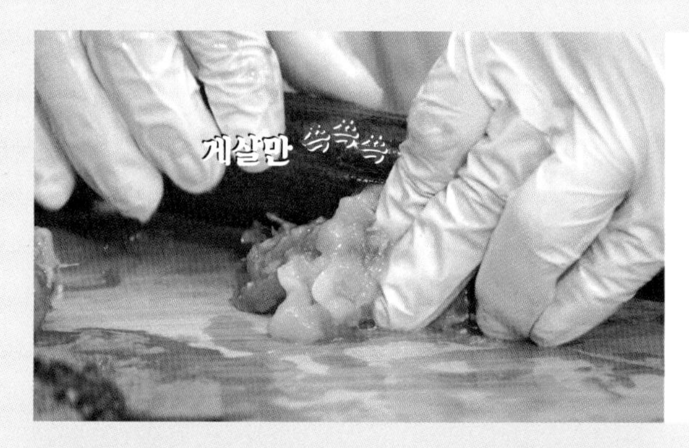

❶

간장게장을 반으로 자른 뒤 밀대를 사용해 쭈욱 밀어 눌러주며 게살을 빼낸다.

❷

매우 얇은 파스타 면인 카펠리니 면(70g 정도)을 2분 정도 삶아준 후 찬물에 헹궈 식힌다.

tip. 다른 소면을 사용해도 상관없다.

❸

삶은 카펠리니 면 70g을 기준으로 간장게장 국물 2큰술, 참기름 충분히, 고운 소금을 살짝 넣어 섞으며 간을 해준다.

tip. 카펠리니 면의 간은 간장게장 국물로!

만드는 법

그릇 위에 면을 돌돌 말아서 놓아주고, 그 위에 간장게장 살을 올려 주면 끝!

tip. 면 위에 간장게장 살을 푸짐하게!

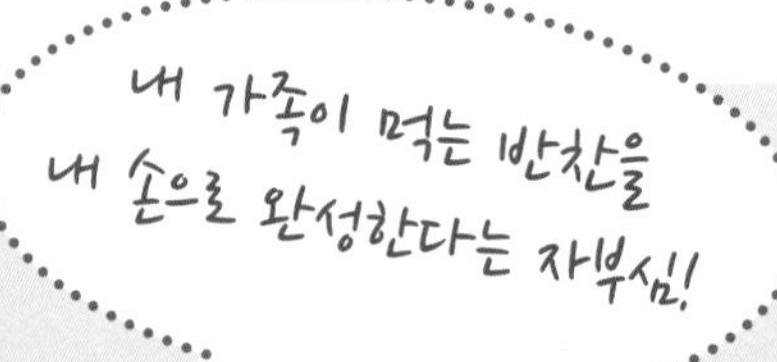

수미네 반찬

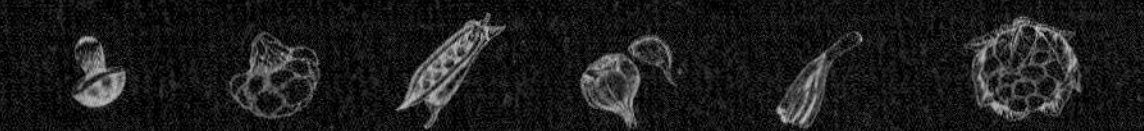

누구에게나 그리운 엄마 손맛!

그 따뜻한 맛을 다시 느낄 수 있는 〈수미네 반찬〉.

엄마 손맛은 최고다!

수미네반찬

part 2 _ 엄마

수미네 반찬
part 1

가슴 울렁거리는 아련한 그리움의 이름, 김화순

밥은 꼭 오래된 재래식 주물인 검은 쇳덩이여야 해. 둥글고 옴싹한 솥단지 안엔 여러 가지 곡식이 안쳐지고, 장작불이나 볏짚 불이 아궁이에 지펴지면 솥전에 밥 눈물이 흐르고 부그르르 끓어 넘치다가 잦아지면 불을 죽여야 했거든. 그리고 남은 불기운으로 서서히 뜸을 들이면 밥이 되는데…….

엄니가 행주로 소댕 위부터 두루 훔치고 나서 다 지은 밥솥 뚜껑을 열면 노란 양은그릇에 달걀찜이 익고 있었고, 한편에서는 호박잎이, 다른 한편에서는 황석어젓이 자작자작 끓고 있었어. 엄니는 후후 김을 불어대며 긴 밥주걱으로 밥을 예쁘게 섞으며 말씀하시곤 했지.

"아따, 그놈 맛있겠다."

그러고는 꽃들이 지천인 마당 한가운데 놓인 평상에 둥그런 밥상을 펴면서 막내딸인 나에게 행주를 쥐어주시며 상을 닦으라고 하셨지.

당시 우리 집 식사 시간은 군대 이상이었어.

아침은 7시, 점심은 12시 30분, 저녁은 6시에서 7시 사이.

지금 생각해보니 우리 집 밥상에는 메인 메뉴가 꼭 있었어. 그 음식이 계절마다 달라졌다는 것을 어른이 되어서야 알았지만, 우리 엄니가 음식 하시던 모습은 지금도 눈에 선해.

나물 무칠 때 깨 톡톡 털어 넣고, 참기름 살짝 두르고 손끝의 힘을 잘 조절해서 조물조물조물조물~ 그럼 손끝에서 나오는 그 온기 말이야……, 정성이 담긴 그 온기야말로 우리가 흔히 말하는 손끝 맛! 감칠맛을 내는 최고의 비법이었는데.

더러 훌륭한 음식은 영혼을 감동시킨다고도 하잖아…….

'꽃 화花' 자에 '순할 순順' 자를 쓰셨던 김화순 씨, 울 엄니.

꽃 화자를 쓰셔서 그런지 누가 우리 집을 물을 때면 신흥동의 꽃 많은 집을 찾으라고 일러주셨던 우리 엄니.

고향의 엄니는 이렇게 떠올리기만 해도 가슴이 울렁거리는 아련한 그리움이고, 여린 속살을 건드리는 아픔이기도 해. 동시에 엄니와 함께한 시간이 내 인생에서 가장 행복했고 그리운 시절이기도 하지.

엄니! 당신 닮아 봄이면 꽃에 미쳐 산으로, 들로 미친년 널뛰듯 뛰어다니고 담장마다 나팔꽃을 심으시던 엄니 때문에 나팔꽃만 보면 환장하게 좋다가 엉엉 울어버리는 막내딸이 오늘 엄니 생각하면서 요리를 합니다.

뭐가 급해서 그리 빨리 가셨어요.

내가 차린 식탁의 한 자리는 늘 우리 엄니의 몫이에요. 당신이 막내딸에게 지어준 끼니만큼, 꼭 그만큼 우리 화순 씨를 대접하겠다는 나 스스로와의 약속이거든요. 엄니, 딱 한 번만이라도 좋으니 막내딸이 만든 음식 맛 좀 보시고 따끔하게 꾸짖어주세요.

"너는 아직 멀었다."

Master
수미네반찬

수미네반찬

수미 반찬°

참소라 강된장 / 소고기 고추장볶음 / 풀치조림

셰프 반찬°

소라냉채 / 유자 강된장 두부조림(수미의 숨결) / 불가리아식 소라튀김

참소리 강된장 소고기 고추장볶음 풀치조림

썰물 시간에
먹이 활동을 하는 소라.
주간보다 야간에
물이 더 빠져 잡기 수월!

수미네반찬

참소라 강된장

반찬 고민이 될 때 냉장고에서 꺼낼 비장의 아이템! 더운 날씨에 입맛 돋우는 최고의 반찬! 밥 한 그릇을 싹싹 비벼 먹게 만드는 김수미표 참소라 강된장!

소라 소라의 침샘에 있는 '테트라민' 성분은 식중독을 동반한 급성 신경마비를 일으키는 독소로 열을 가해도 사라지지 않아 조리 시 제거하고 먹는 것이 좋다. 소라는 특히 피로 회복에 좋다.

재료

반건조 오징어 1마리, 멸치 25마리, 밴댕이 5마리,
내장 뺀 소라 2개, 다진 마늘 1큰술, 다진 생강 1/2큰술, 보리새우 1줌,
물 5큰술, 된장 3국자 듬뿍, 고추장 2큰술, 잘게 썬 청양고추 3개,
참기름 1/2큰술, 통깨 2큰술

건오징어는 너무 딱딱하고 물오징어는 너무 물컹해서 반건조 오징어 사용.

수미네 반찬 만드는 법

반건조 오징어(1마리)의 껍질과 뼈를 제거한 후 다리와 몸통을 모두 잘게 썬다.

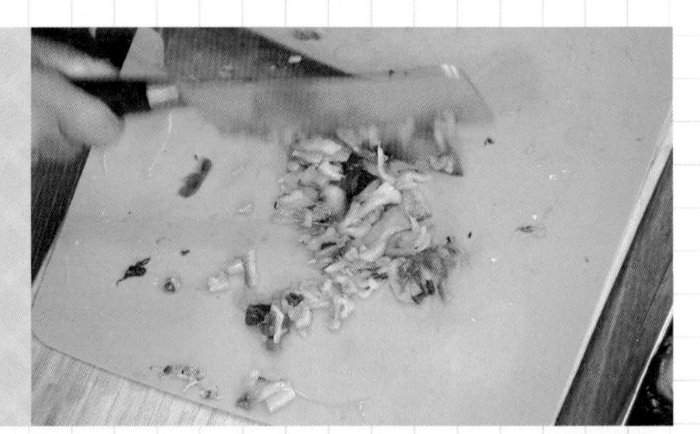

❷

멸치(25마리), 밴댕이(5마리), 내장 뺀 소라(2개)를 잘게 썬다.

tip. 소라는 식중독 위험이 있는 침샘을 제거한다.

❸

팬을 가열한 뒤 불을 약하게 낮추고 기름 없이 잘게 썰어둔 오징어, 멸치 & 밴댕이, 소라를 각각 볶아 따로 담아둔다.

tip. 제일 먼저 오징어 → 멸치 & 밴댕이 → 소라 순으로 식용유 없이 각각 볶아준다.

수미네 반찬 만드는 법

오징어에 굵은소금을 뿌린 뒤 껍질 끝부분을 잡고 벗겨주면 껍질이 쉽게 벗겨진다. 마른행주로 오징어의 끝부분을 잡고 쭉 잡아당기거나 살살 밀어주면 껍질이 쉽게 벗겨진다.

밴댕이는 가위를 사용해 잘게 자른다. 강된장에 들어갈 멸치는 칼로 썰어야 제맛!

소라를 볶다가 어느 정도 수분이 빠졌을 때 다진 마늘 1큰술, 다진 생강 1/2큰술을 넣어 비린내를 잡아준다.

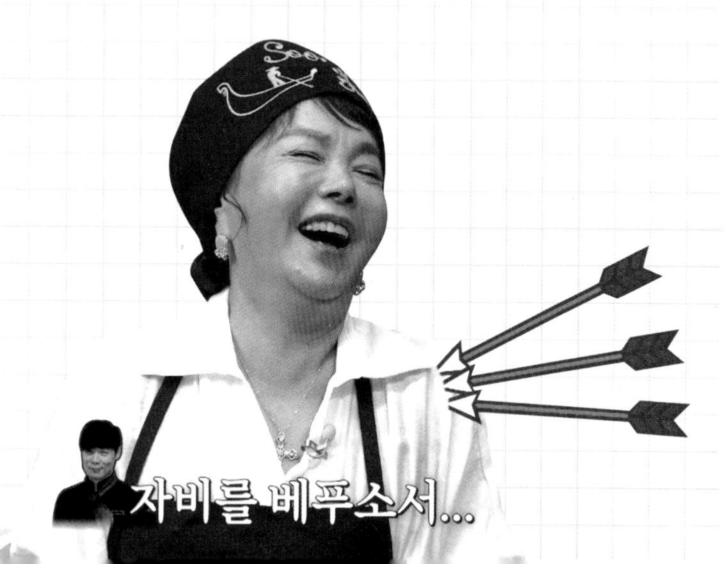

수미네
반찬
만드는 법

❹
보리새우 1줌을 부수어 준비한다.

tip. 보리새우는 큼지막하게 썰어준다.

❺
냄비에 물(5큰술)을 넣은 뒤 된장(3국자 듬뿍, 2.5컵 정도)을 넣고 잘게 썰어둔 모든 재료들을 넣는다.

고추장(2큰술)을 넣고 타지 않게 저어가며 볶다가 잘게 썬 청양고추(3개), 참기름(1/2큰술), 통깨(2큰술)를 넣고 계속 휘저어 익혀주면 밥 한 공기 뚝딱, 수미네 강된장 완성!

수미네반찬

소고기 고추장볶음

밥에 쓱쓱 비벼 먹기만 해도 맛있는 레알 밥도둑, 소고기 고추장볶음! 해외여행 시 꼭 가지고 가야 할 필수템인 소고기 고추장볶음은 대량으로 만들어서 냉장고에 넣어두면 오랫동안 먹을 수 있어 좋다!

재료

다진 소고기 200g, 다진 생강 1/5큰술, 다진 마늘 3.5큰술,
잘게 썬 청양고추 1개, 꿀 1/2큰술, 후춧가루 조금, 물 5큰술,
고추장 2국자, 참기름 1/2작은술, 통깨 1큰술

수미네
반찬
만드는 법

❶
다진 소고기(200g)에 다진 생강(1/2큰술), 다진 마늘(1.5큰술), 잘게 썬 청양고추(1개), 꿀(1/2큰술), 후춧가루 조금을 넣고 조물조물 손으로 섞어준다.

❷
달군 프라이팬에 간이 된 다진 소고기를 얹고 약불로 기름 없이 볶아준다.

❸
냄비에 물(5큰술), 고추장(2국자)을 넣고 잘 섞어가며 가볍게 끓인 뒤 다진 생강(1큰술), 다진 마늘(2큰술)을 넣고 약불에 올려 휘저어준다.

수미네
반찬
만드는 법

어느 정도 걸쭉해지면 볶아둔 다진 소고기를 넣어 섞어준다. 약 3분 뒤에 불을 끈다.

tip. 생강&마늘을 넉넉히 넣어 소고기 잡냄새를 제거한다. 한 번에 많은 양을 조리한 후 냉장 보관하면 오랫동안 먹을 수 있다.

불을 끄고 참기름(1/2작은술), 통깨(1큰술)를 넣고 잘 섞어주면 더운 여름철 입맛 돋우는 수미네 소고기 고추장볶음 완성!

수미네 반찬

해외여행 갈 때 필수템
소고기 고추장볶음

강된장+고추장볶음
갓 수미의 특급 레시피

수미네 반찬

해외여행 갈 때 필수템
소고기 고추장볶음

수미네반찬

풀치조림

아는 사람은 알고, 모르는 사람은 모르는 〈수미네 반찬〉 비장의 식재료! 갈치 새끼, 풀치! 곱게 말린 풀치를 쫀득쫀득 짭조름하게 조려서 밥에 올려 꼭꼭 씹어 먹으면 정말 맛있는 수미네 풀치조림!

풀치 내장을 제거한 풀치를 잘 손질해 짚으로 엮어준다. 찬물로 깨끗이 목욕시키고 해풍에 자연 건조하는 풀치는 해풍을 맞아 살이 꼬들꼬들하다. 은빛 풀치가 건조되면 기름이 나와 노르스름하게 변한다. 해풍에 말린 건풀치는 최상의 맛! 주문할 때 바짝 마른 것으로 주문한다.

재료

베이킹 소다 약간, 식초 1큰술, 마른 풀치 10마리, 물 1L, 양조간장 2.5국자(추가 3~4큰술), 매실액 1.5큰술, 다진 마늘 1.5큰술, 다진 생강 2/3큰술, 꽈리고추 1kg, 꿀 5큰술, 참기름 1큰술, 고춧가루 2작은술, 통깨 2큰술, 홍고추 2개

수미네
반찬
만드는 법

❶
베이킹 소다와 식초를 넣은 물에 마른 풀치를 30분간 담근 후 흐르는 물에 씻어 불순물을 제거하고, 지느러미는 가위로 잘라낸다. 손질한 풀치는 토막을 내어 준비해둔다(냉장 보관).

❷
냄비에 물 1L, 양조간장은 색깔을 보며 알아서(2.5국자) **넣고 끓인다.**

tip. 양조간장은 색깔을 보고 국물이 검다 싶게 넣기.

❸
간장물이 끓기 시작하면 냄비에 마른 풀치를 잘라 넣고 매실액(1.5큰술), **다진 마늘**(1.5큰술), **다진 생강**(2/3큰술)**을 넣은 후 뚜껑을 닫아 끓이며 조려준다.**

수미네 반찬 만드는 법

❹

약 10분 뒤 풀치 비린내를 잡기 위해 꽈리고추(1kg)를 과감하게 넣어준다.

tip. 간장을 넣으면 질퍽해지므로 소금으로 간한다. 또 밀가루를 많이 넣으면 퍽퍽해진다.

❺

풀치와 꽈리고추가 골고루 익도록 중간중간 뒤섞어주며 약 1시간가량을 조린다.

tip. 꽈리고추에서 물이 나오기 때문에 중간에 간을 보고 싱거우면 양조간장을 3~4큰술 정도 더 넣어 간장색이 나오도록 한다.

❻

어느 정도 끓이다가 고춧가루(2작은술), 채 썬 홍고추는 고명처럼 2개를 넣는다.

만드는 법

물이 거의 없을 만큼 조려졌을 때 꿀 1분간(5큰술),
참기름 새 눈물만큼(1큰술), 통깨 여유 있게(2큰술) 넣어주면 완성!

tip 풀치조림은 식으면 비린내가 나기 때문에 꼭 데워서 먹는다.

풀치조림을 할 때면
그립고 그리운 우리 엄마……

수미네 반찬

한 번도 엄마가 요리를 가르쳐주신 적은 없어. 너무 일찍 이별한 탓에 엄마에게 요리를 배우지는 못했지만 기억을 찾아서 해보는 거야. 결혼을 해서 임신을 했는데 엄마가 해준 풀치가 생각나는 거야. 돌아가신 엄마를 대신해서 언니가 해온 풀치조림. 그것 먹고 입덧이 가라앉았지. 엄마가 사무치게 그립고 절절하게 보고 싶을 때는 기억을 더듬어 내가 해보기 시작했어. 수백 번 만들었던 엄마의 풀치조림. 풀치조림을 할 때면 그립고 그리운 우리 엄마…….

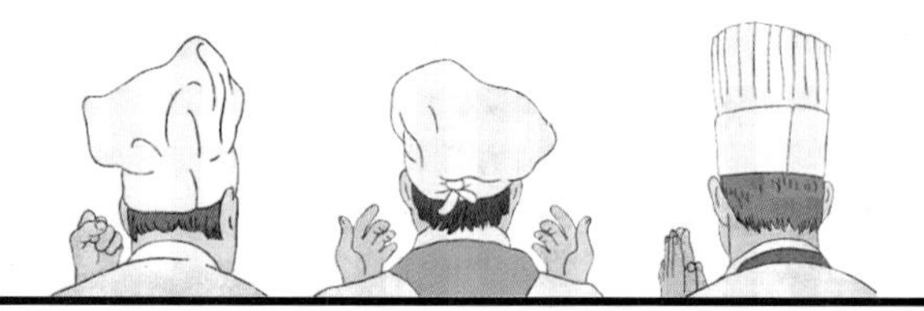

셰프 반찬

여경래 셰프

소라냉채

최현석 셰프

유자 강된장 두부조림(수미의 숨결)

미카엘 셰프

불가리아식 소라튀김

여경래 셰프

소라냉채

초간단 여름 반찬, 새콤달콤 소라냉채!

재료

오이 1/2개, 배 1/4개, 양배추 4장, 대파 1대

양념 두반장 1큰술, 된장 1큰술, 간장 1큰술, 설탕 2작은술, 식초 3큰술, 다진 마늘 2큰술

만드는 법

❶

오이와 배, 양배추, 대파는 곱게 채 썰고 소라는 저며서 가늘게 채 썬다.

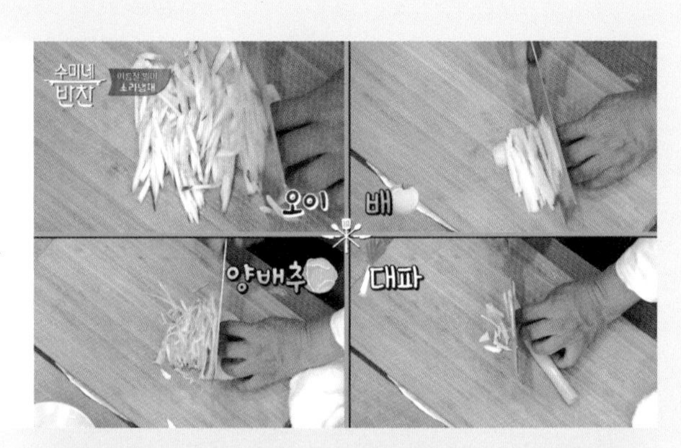

❷

두반장 1큰술, 된장 1큰술, 간장 1큰술, 설탕 2작은술, 식초 3큰술, 다진 대파와 마늘을 넣고 섞어준다.

❸

적당량의 소라와 채소를 넣고 버무려주면 끝!

만드는 법

침샘을 자극하는 새콤달콤 소라냉채 완성!

최현석 셰프

유자 강된장 두부조림(수미의 숨결)

수미 쌤의 숨결이 살아 있는 강된장으로 만든 유자 강된장 두부조림!

재료

두부 1모, 물 3큰술, 강된장 2국자, 유자청 2큰술, 들기름 1/2큰술, 식용유 적당량

만드는 법

❶

물 3큰술, 강된장 2국자, 유자청 2큰술을 함께 넣고 조린다.

❷

다른 팬에 기름을 조금만 두르고 팬이 적당히 달궈지면 두부를 부쳐준다.

❸

두부가 적당히 지져지면 유자 강된장 소스를 투하하고 살짝만 조려준다.

만드는 법

들기름을 살짝 넣어주면 완성!

미카엘 셰프

불가리아식 소라튀김

미카엘표 특제 소스와 보들보들한 내 소라 어때요?

재료

삶은 소라 5개 정도, 밀가루 250g, 계란 3개, 올리브유 50ml, 맥주 250ml, 소금 약간, 튀김 기름 10컵 정도

요거트 소스 강된장, 요거트

만드는 법

❶

부드러운 튀김옷을 만들기 위해 계란 흰자를 거품 내서 소금으로 약간 간한다.

tip. **머랭으로 튀김옷을 만들면 부드러운 튀김을 만들 수 있다.**

❷

밀가루 250g, 계란 3개, 올리브유 50ml에 맥주 250ml 투하!

tip. **부드러운 튀김옷을 만들 때 맥주 사용.**

❸

반죽에 완성된 머랭을 넣고 머랭이 꺼지지 않도록 손으로 살살살 섞어 주면 튀김옷 완성!

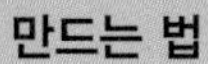

만드는 법

❹
미리 삶아둔 소라를 먹기 좋게 잘라 밀가루를 살짝 묻히고 튀김옷을 입혀주면 준비 완료!

❺
튀김옷을 입은 소라를 튀겨 낸다.

tip. 충분히 가열한 튀김 기름에 튀겨준다.

미카엘표 특제 소스(강된장+요거트)와 보들보들한 내 소라 어때요?

수미네
반찬

수미 쌤이 집에서 준비한 무려 70인분의 엄마 손맛 음식!

'갓 수미의 스케일!'

같은 식탁 앞에 앉아 음식을 서로 나눠먹으며

행복을 나눈다는 것이 또 다른 가족의 의미가 아닐까요?

수미네반찬

수미 반찬 °

오이소박이 / 열무 얼갈이김치 /

수육 & 양념 새우젓 / 열무 얼갈이김치 비빔국수 / 양배추 오이김치

셰프 반찬 °

된장 스테이크 / 불가리아 김치, 뻥고추 / 소류완자

오이소박이 / 열무 얼갈이김치 / 수육 & 양념 새우젓
열무 얼갈이김치 비빔국수 / 양배추 오이 김치

수미네반찬

오이소박이

오이 아삭한 식감과 시원한 맛이 일품인 오이! 오이는 수분 함량이 높은 채소라 특히 무더운 여름철 건강에 많은 도움이 된다. 그래서 오이를 먹게 되면 물을 마시는 것과 같은 효과를 얻을 수 있다.

오이를 잘 보관하기 위해서는 깨끗이 씻어 물기를 없앤 다음 서로 닿지 않게 신문지로 하나씩 싸서 비닐 팩에 담아두는 것이 좋다. 오이가 서로 닿게 보관하면 쉬이 무를 뿐만 아니라 주변의 채소들도 같이 무르게 된다. 요리하다 남은 오이는 구멍을 뚫은 비닐봉지에 넣고 입구를 가볍게 묶어 냉장고에 보관하는 것이 좋으며, 되도록 2~3일 내에 모두 조리하는 것이 좋다.

월동배추 9월쯤 심어 이듬해 1월 하순부터 출하하는 배추. 겨울 눈 속에서 자라 질감이 아삭하고 무르지 않아 김치를 담가 먹기에 제격이다. 김치 종류는 100가지가 넘는데, 인사동에 위치한 김치박물관에 가면 자세히 알 수 있다.

재료

오이 6개, 굵은소금 1큰술, 부추 1줌, 쪽파 1줌,
멸치 액젓 3큰술, 육젓 국물 4.5큰술, 다진 마늘 2큰술,
다진 생강 1/2큰술, 고운 고춧가루 2큰술(추가 2큰술),
물고추 200ml, 설탕 2작은술, 물 300ml

만드는 법

❶

오이는 끓는 물에 굵은소금 1작은술을 넣고 5~10초가량 데친 후 꺼내 차가운 물에 식힌다.

tip. 끓는 소금물에 살짝 데친 오이는 익은 후에도 아삭아삭함을 유지할 수 있다.

❷

오이는 2~3등분해서 자르고 토막마다 십자 모양으로 칼집을 넣는다.
식힌 오이는 굵은소금을 조금 뿌려 굴려가며 절인다.

❸

오이소박이의 '소'는 부추 1줌, 쪽파 1줌씩을 준비해 2cm 길이로 잘라 볼에 담고 멸치 액젓 3큰술, 육젓 국물 4.5큰술, 다진 마늘 2큰술, 다진 생강 1/2큰술, 고운 고춧가루 2큰술(색을 보고 너무 흐리다 싶으면 2큰술 더 추가한다), 물고추를 놀랠 정도로(200ml) 넣고 부득이 하게 설탕 2작은술을 넣어 버무린다.

수미네
반찬
만드는 법

① 물고추는 일반적으로 마르지 않은 붉은 고추를 의미하며, 김치를 담글 때 이를 물에 불린 후 갈아서 사용한다.
② 육젓은 6월에 담아서 육젓이라고 한다. 땡볕이 내리쬐는 6월에 잡아 올린 새우로 만든 젓갈로 그 크기가 크고 살이 통통해 최고 품질로 치며 김장용 젓갈로 가장 선호한다.
③ 김치에 물고추가 들어가면 고추의 풍미가 살아 김치 맛이 시원하다.
④ 물고추 보다 고춧가루를 덜 넣으면 시원하고 깔끔한 맛을 낼 수 있다.
⑤ 손질한 오이 사이에 완성된 소를 채워 넣는다. 속이 채워진 오이소박이를 김치 통에 담는다.

3/2 TIP ① 오이 겉 부분에도 양념을 묻혀 화장해준다.

❹
잘 버무려 준다.

❺
소를 만들던 볼의 안쪽 양념을 물 300ml, 굵은소금 1/3큰술을 넣고 씻어내며 김치 국물을 만들어준다.

⑥
김치 국물은 김치 양념이 쓸려 내려가지 않도록 김치 통의 가장 자리를 따라 부어준다.

먹음직한 오이소박이 완성!
오이소박이 김치 통을 냉장고에 넣어두고
3~5일 후 먹으면 최고~

얼갈이배추
양배추
가지
오이
"김치맛을 알아야 인생을 압니다. 김치 먹고 힘내자!"

수미네반찬

열무 얼갈이김치

열무 '어린 무'라는 뜻의 열무는 더위를 식혀주는 여름철 대표 식재료로 각종 무기질과 비타민이 풍부해 눈 건강과 원기 회복에 효과적이다.

재료

열무와 얼갈이배추 1단씩, 굵은소금 1줌 정도, 육젓 2큰술, 물고추 500ml, 다진 마늘 2큰술, 다진 생강 3작은술, 쪽파와 부추 1줌씩, 멸치 액젓 1큰술, 고운 고춧가루 1국자, 찹쌀 풀(or 밀가루 풀) 2국자, 물 500ml, 사이다 1/2컵, 설탕 3작은술

수미네
반찬
만드는 법

❶
손질한 열무와 얼갈이배추를 굵은소금으로 40분간 살짝 절인다.

❶ TIP

① 이파리와 열무 사이의 잔뿌리를 깨끗하게 쳐낸다. 얼갈이배추 뿌리를 제거하고 이파리 끝부분을 가볍게 쳐낸다.

② 얼갈이배추에 비해 열무가 간이 배는 데 시간이 걸리기 때문에 열무를 아래에 깔고 먼저 절인다.

③ 굵은소금은 열무 뿌리 쪽에 많이 뿌리고, 이파리 쪽에 적당량 뿌려준다.

④ 여름 김치는 간이 세지 않으므로 적당량의 굵은소금으로 짧은 시간 절인다.

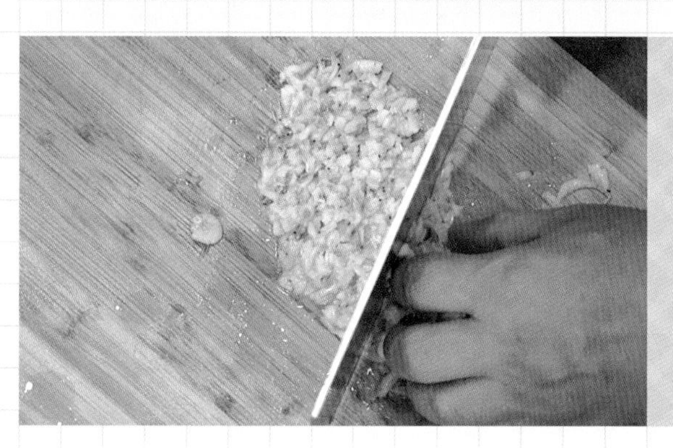

❷
양념을 만들기 위해 육젓 2큰술을 잘게 다져 큰 볼에 담아준다.

수미네 반찬

만드는 법

③

물고추 500ml, 다진 마늘 2큰술, 다진 생강 3작은술, 쪽파와 부추 1줌씩을 6~7cm 길이로 썰어 담아준다.

④

멸치 액젓 1큰술, 고운 고춧가루 1국자, 찹쌀 풀(or 밀가루 풀) 2국자, 물 500ml, 사이다 1/2컵을 넣어 양념을 완성한다.

⑤

절인 얼갈이배추와 열무를 양념이 담긴 큰 볼에 조금씩 넣어가며 양념을 살살 묻혀준다.

수미네
반찬
만드는 법

❻
설탕 3작은술을 추가해 전체적으로 살살살살 버무린다. 김치에 설탕을 넣으면 발효가 되면서 유산균의 생존율을 높이고 활성산소를 제거해준다.

❼
완성된 김치는 통에 담아 서늘한 곳에 하루 정도 놓아두었다가 다음 날 냉장고로 옮겨 보관한다.

❼ TIP

① 열무 얼갈이김치는 익으면서 맛있는 김치 국물이 나온다. 김치를 누름판으로 눌러 보관하면 공기와 접촉을 차단, 김치를 더욱 신선하게 보관할 수 있다. 담는 방법도 중요하지만 그에 못지않게 보관 방법이 정말 중요하다.
② 실온에서 하루 이상 두게 되면 금방 시큼해지기 때문에 하루 지난 후 반드시 냉장고에 넣어 보관한다.

수미네반찬

수육 & 양념 새우젓

김치 담그는 날엔 빠질 수 없는 수육! 수육 위에 양념 새우젓을 올린 후 마늘, 고추를 올려 먹으면?

재료

돼지고기 목살 3근, 된장 1국자, 월계수 잎 12장, 커피 가루 1큰술, 마른 홍고추 5개, 배 1/2개, 통양파 2개, 대파 뿌리 8개, 통마늘 8개, 통생강 1개, 대파 5대

양념 새우젓 재료

풋고추 1개, 홍고추 1개, 통마늘 20개, 육젓 1컵, 고운 고춧가루 1큰술, 식초 3큰술, 통깨 1큰술

수미네 반찬

만드는 법

❶ 끓는 물에 된장 1국자를 넣어준다.

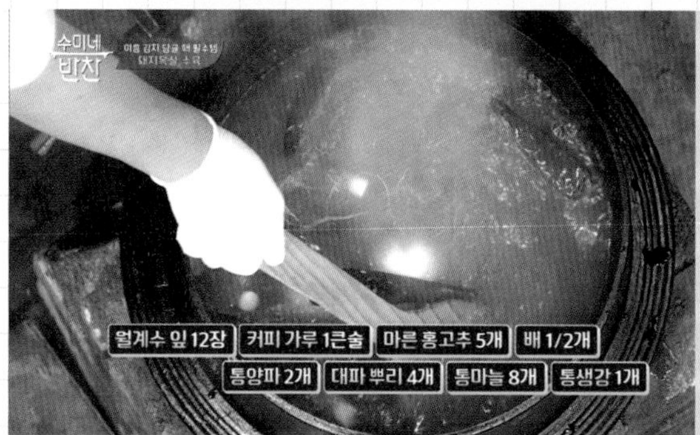

❷ 월계수 잎, 커피 가루, 홍고추, 배, 양파, 대파 뿌리, 마늘, 통생강, 대파를 넣고 삶아준다.

❸ 대파 뿌리는 많을수록 좋다. 굵은 대파 5대를 통째로 넣는다.

만드는 법

❹
돼지고기 목살을 넣고 센 불에서 고기가 익을 때까지 삶는다. 30분 후에 중불에서 더 익힌다.

완성된 수육에 수미표 양념 새우젓을 곁들여 먹는다.

양념 새우젓 만드는 법

① 풋고추, 홍고추 1개씩 송송송!
② 통마늘 20알을 먹기 좋게 썰고 육젓과 함께 섞는다.
③ 고운 고춧가루 1큰술, 식초 3큰술, 통깨도 솔솔솔!
④ 섞어서 맛있게 먹는다.

수미네반찬

열무 얼갈이김치 비빔국수

점심 한 끼, 맛있는 비빔국수도 좋아요!

재료

열무 얼갈이김치(넉넉히 3줌), 소면 600g 정도, 김치 국물 2컵, 고추장 2큰술, 참기름 1큰술, 쪽파 2뿌리, 오이 1개, 통깨 약간

수미네 반찬 만드는 법

❶ 열무 얼갈이김치를 적당한 크기로 잘라 김치 국물과 함께 양푼 그릇에 담는다.

❷ 양푼 그릇에 고추장 2큰술, 참기름 1큰술, 쪽파 2뿌리, 오이 1개를 썰어 넣고 잘 섞어준다(통깨도 살살살!).

❸ 양푼 그릇에 삶은 국수를 넣어 버무린다.

수미네
반찬
만드는 법

④
그릇에 얼음덩어리를 먼저 넣고 그 위로 양념이 버무려진 국수를 말아 넣는다.

양념 국물을 부어주면 무더위에 피로를 싹 날려주는 시원한 수미네 열무 얼갈이김치 비빔국수 완성!

tip. 취향에 따라 설탕을 첨가해서 먹으면 더 맛있다.

수미네반찬

양배추 오이김치

양배추의 모양은 모난 것보다는 동그랗고 예쁜 것, 겉 잎이 하얗게 보이는 것보다는 진한 녹색이 좋다. 그리고 손가락으로 눌러보았을 때 단단함이 느껴져야 한다. 잘라져 있는 것을 살 때에는 들어봐서 묵직한 걸로 고르는 것이 요령! 약도 만들고, 소화를 돕는 양배추 성분! 속이 불편한 날, 양배추 오이김치 국물 드링킹!

재료

양배추 1/2통, 굵은소금 1큰술, 오이 3개

양념장 쪽파 8뿌리, 물고추 간 것 300ml, 고운 고춧가루 1큰술, 다진 마늘 3큰술, 육젓 국물 3큰술, 다진 생강 1큰술, 설탕 4작은술, 물 1.3L, 사이다 1/2컵, 굵은소금 1큰술

수미네 반찬 만드는 법

❶
양배추 1/2 통을 너무 조각나지 않게 썰고, 굵은소금을 살짝 뿌려 절인다.

❷
오이 3개는 4등분 후 세로로 반을 갈라 굵은소금 1큰술을 넣고 절인다. 쪽파 8뿌리는 5cm 길이로 썰어 준비한다.

❸
볼에 썬 쪽파와 (물에 불려 간) 물고추 300ml 팍팍팍, 고운 고춧가루 1큰술, 다진 마늘 3큰술, 육젓은 국물만 3큰술, 다진 생강 1큰술, 설탕 4작은술, 물 1.3L, 사이다 1/2컵, 굵은소금 1큰술을 넣고 잘 섞어 양념장을 만든다.

아기 다루듯 살살살~ 양배추와 오이를 양념과 함께 섞어주면 끝!

실온에서 하루, 냉장고에서 2~3일 뒤 양배추와 오이가 익어 국물이 우러나오면 완성!

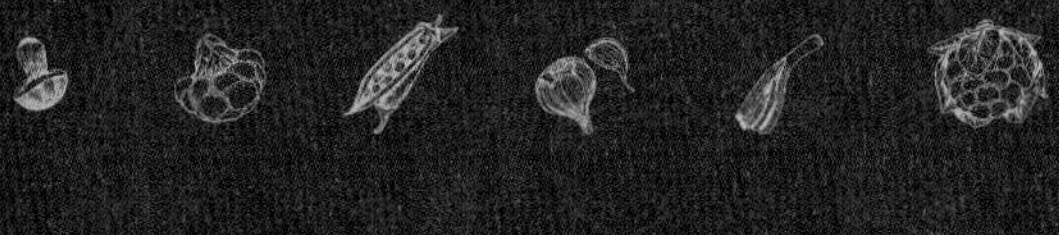

수미 쌤의
칭찬은 보약~

셰 프 반 찬

최현석 셰프

된장 스테이크

미카엘 셰프

불가리아 김치, 뺑고추

여경래 셰프

소류완자

최현석 셰프

된장 스테이크

된장 소스를 발라 감칠맛이 좋은 한국식 스테이크!

재료

소고기 스테이크용 3조각(250~300g)

소스 된장 5큰술, 올리브유 5큰술

만드는 법

❶

볼에 된장을 듬뿍 담고 올리브유를 같은 비율로 또 듬뿍, 핸드블렌더로 잘 섞어준다. 올리브유를 많이 넣어야 된장 소스가 잘 안 탄다.

❷

소고기에 된장 소스를 붓으로 잘 펴 발라주면 준비 끝. 앞뒤로 된장 소스를 꼼꼼히 발라준다.

❸

된장 소스를 잘 바른 소고기를 숯불 위로, 프라이팬으로 해도 OK!

tip. 팬으로 조리할 땐 올리브유를 넉넉히 두르고 센 불에 태우는 느낌으로 굽기.

만드는 법

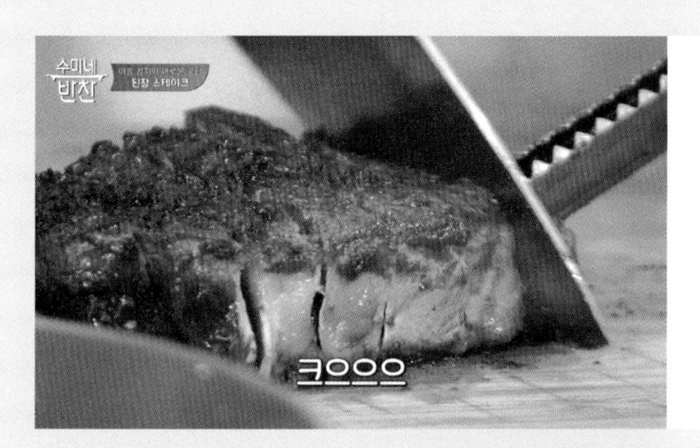

❹
구우면서 된장 소스를 덧바른다. 세상 부드럽게 썰리는 된장 스테이크!

❺
먹기 좋게 썰어서 접시에 담고 참나물 샐러드를 곁들여 먹어도 좋다.

겉은 바싹, 속은 촉촉~
된장 스테이크 완성!

미카엘 셰프

불가리아 김치, 뺑고추

미카엘 셰프가 소개한 불가리아식 김치, 뺑고추! 우리나라 김치처럼 발효시키는 과정이 있는 것은 아니지만, 가지를 익혀 야채와 함께 버무려 먹는 새로운 개념의 김치다!

재료

가지 6개, 파프리카 노랑·초록·빨강 각 1개씩, 청고추 20개 정도,
마늘 3쪽, 생파슬리 1줌, 올리브유 2큰술, 식초 3~4큰술

만드는 법

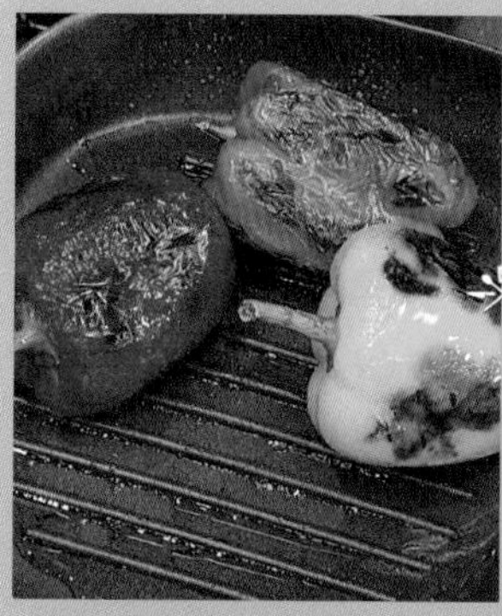

❶

가지는 숯불에 올려 껍질을 태우듯이 굽는다. 파프리카와 고추도 팬에 올려 겉면을 태우듯이 굽는다.

❷

가지와 파프리카, 고추의 태운 껍질을 벗긴다. 껍질을 벗긴 가지는 살살 찢어서 부드럽게 한다.

❸

볼에 가지, 고추와 썬 파프리카를 넣는다. 마늘은 얇게 편을 썰고, 생파슬리는 다지고, 올리브유 4바퀴 휙휙, 식초 6바퀴 휙휙 넣는다.

만드는 법

잘 버무려주면 뻥고추 완성!

여경래 셰프

소류완자

여름 김치와 찰떡궁합!

재료

소고기 300g, 돼지고기 100g, 고수 약간, 물밤 3개, 두부 1/4모, 달걀 1.5개, 물전분 1~2큰술, 굴소스 1큰술, 후춧가루 약간, 생강즙 1작은술, 소금 약간, 대파 1대, 마늘 3~4쪽, 간장 1큰술, 물 약간

만드는 법

❶

소고기 300g과 돼지고기 100g을 함께 섞는다.

❷

향을 위해 다진 고수를 살짝 얹어준다.

❸

물밤을 다져서 넣으면 식감과 단맛이 업그레이드!

만드는 법

④

두부 1/4모와 계란 1개 반을 섞는다.

⑤

침전시킨 전분은 고기 반죽이 뭉칠 정도로 적당히, 점성이 생기도록 치대준다. 밑간은 조금만 해준다.

⑥

손으로 고기 반죽을 쥐어 완자를 만든다. 기름을 넉넉히 두른 팬에 완자를 넣고 살살 눌러 납작하게 모양을 잡아주고, 밑부분이 단단히 익으면 뒤집어 준다.

만드는 법

❼

익은 완자는 건져서 기름을 빼준다.

❽

잘게 썬 파, 편으로 썬 마늘과 생강을 기름 두른 팬에 넣고 볶아 파기름을 만들고 간장 1큰술, 물, 굴소스를 넣고 끓인다. 여기에 완자를 넣고 조린다.

❾

마지막으로 전분물을 살짝 둘러준다.

만드는 법

완성

김치와 어울리는 소류완자 완성!

수미네 반찬
여름 김치의 새로운 궁합
소류 완자
짜
잔
어머머머머머머

수미네 반찬
오늘의 한 상 - 여름 김치
막김치를 더 맛있게 만들어주는 소류완자

야채로 만든 장식이
중식의 완성!!

수미 반찬 °

김수미표 아귀찜 / 전복 내장 영양밥 /

전복찜 / 명란젓 계란말이

김수미표 아귀찜 · 전복 내장 영양밥

전복찜 · 명란젓 계란말이

수미네반찬

김수미표 아귀찜

아귀 옛날에 못생겨서 버림받았던 아귀. 아귀의 또 다른 이름은 '물텀벙'. 생아귀로 찜을 하면 신선하고 부드러운 맛을, 반건조 아귀로 찜을 하면 쫄깃한 식감을 즐길 수 있다. 한국 사람들은 매운 걸 먹어서 땀을 내는 것을 좋아해 맵게 아귀찜을 만든다. 또한 아귀 껍질에는 콜라겐 성분이 함유되어 있어 피부 미용에도 도움이 된다.

재료

생수 2L, 청주 1잔, 꾸덕하게 말린 아귀 1마리, 콩나물 400g, 대하 10마리, 미더덕 2줌, 미나리 1줌, 쑥갓 1줌, 대파 2대, 참기름 1/2큰술, 통깨 2큰술

양념장 양파 1개, 홍고추 2개, 풋고추 2개, 고추장 크게 1큰술(2큰술), 고춧가루 2컵, 양조간장 5큰술, 다진 마늘 5큰술, 다진 생강 3큰술, 물 270ml, 후춧가루 1/2큰술

전분물 감자 전분 크게 1큰술(2큰술), 물 1컵, 꿀 2큰술, 통마늘 10개

수미네 반찬 만드는 법

1

냄비에 생수(2L)를 붓고 끓기 시작하면 청주를 소주잔 1잔 정도로 넣은 다음 손질한 아귀를 넣고 약 5분간만 삶아준 뒤 체에 건져낸다.

tip. 제일 맛있는 부위는 입. 너무 오래 삶으면 아귀 자체의 진한 맛이 사라진다.

2

수미네 아귀찜의 핵심, 양념장 만들기: 크게 썬 양파 1개, 어슷썰기 한 홍고추 2개, 풋고추 2개, 고추장 크게 1큰술, 고춧가루 2컵, 양조간장 5큰술, 다진 마늘 5큰술, 다진 생강 3큰술, 물 270ml, 후춧가루 1/2큰술을 넣고 섞어준다.

tip. 마늘은 취향에 맞게!

3

약불로 달군 냄비에 물 없이 굵은 콩나물(400g)을 깔고 그 위에 토막 낸 아귀, 대하(10마리), 미더덕(2줌), 만들어 둔 양념을 골고루 덮어 뚜껑을 닫고 약 15~20분간 끓인다.

수미네
반찬
만드는 법

❹
끓고 있는 냄비에 아귀 내장, 아귀 간을 넣고, 만들어둔 감자 전분물을 골고루 뿌려 넣는다.

tip. 뒤적일 수 없으니 한 군데 뭉치지 않게 골고루~

❺
미나리(1줌), 3등분 한 쑥갓(1줌), 크게 어슷썰기 한 대파(2대)를 넣고 뚜껑을 덮은 뒤 약 3분간 더 조려준다.

참기름(1/2큰술), 통깨(2큰술)를 넣은 다음 뚜껑을 덮고 불을 끈다.
냄비 안의 열기로 약 1분간 뜸을 들인 뒤 열어주면 둘이 먹다 하나 죽어도 모를 수미네 아귀찜 완성!

수미네반찬

전복 내장 영양밥

대추, 표고버섯, 호랑이강낭콩, 전복 등을 넣어 맛있게 만드는 전복 내장 영양밥! 조리 시 2~3인용 미니 가마솥으로 조리하면 좋다. 전기밥솥에 조리하지 않는 이유는 처음에 넣을 재료가 있고, 나중에 넣을 재료가 있기 때문. 또 요리를 할 때 전복 내장의 암수가 섞이면 맛이 배가 된다. 간의 노란색이 수컷, 녹색이 암컷!

재료

찹쌀 5컵, 멥쌀 5컵, 차조 2컵, 호랑이강낭콩 2줌, 대추 10개,
표고버섯 5개, 수삼 3뿌리, 밤 20개, 전복 5개

수미네
반찬
만드는 법

❶
김수미표 전복 내장 영양밥 재료들을 준비한다.

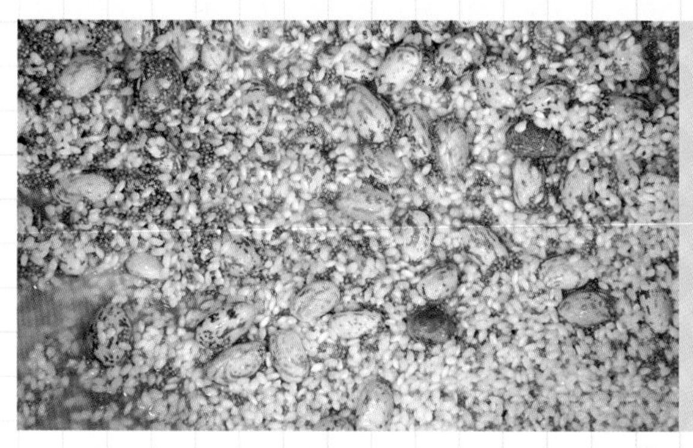

❷
찹쌀과 멥쌀은 미리 씻어서 불려두고, 씻은 차조와 호랑이강낭콩을 적당한 비율로 섞어 '된밥'이 될 수 있도록 물과 함께 가마솥에 넣는다.

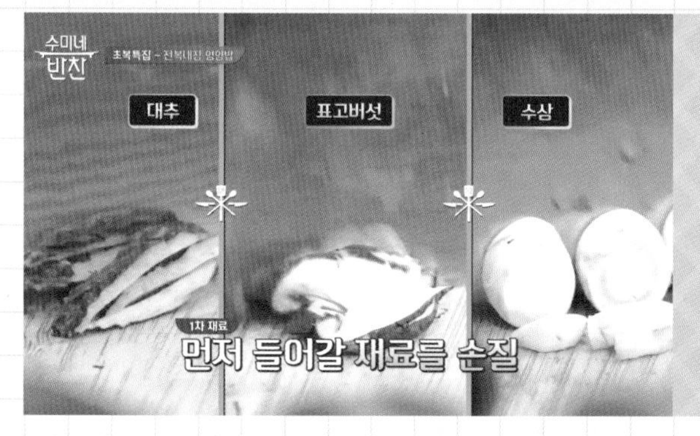

❸
1차 재료인 대추는 돌려깎기를 해서 씨를 제거하고 두드려 얇게 채 썬다. 표고버섯은 굵직하게 채 썰고, 수삼은 동그랗게 썬다. 썬 재료를 가마솥에 들어가 있는 쌀 위에 얹어준다.

만드는 법

❹

1차 재료들만 들어간 가마솥을 약 20분 정도 불 위에 올려 익힌다.

❺

2차 재료인 밤과 전복은 적당한 크기로 깍둑썰기 하여 준비한다.

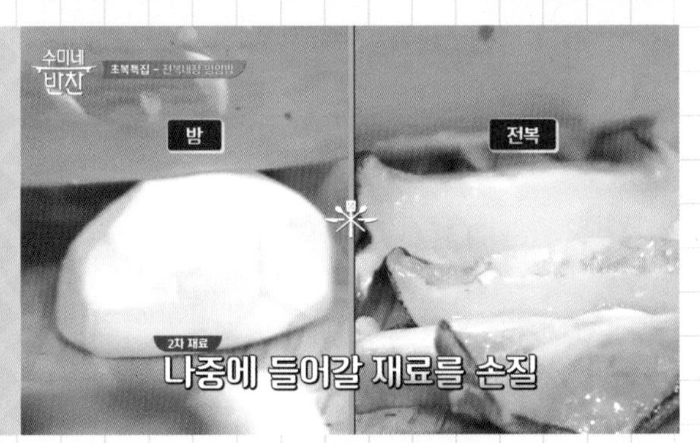

❻

전복 내장 영양밥의 핵심 재료, 전복 내장도 칼로 몇 번 내려친 다음 터뜨려 준비한다.

tip. 전복에서 제일 영양가가 있는 것은 내장이다. 떼어놓은 내장이 전복 내장 영양밥의 포인트!

수미네
반찬
만드는 법

20분 뒤 손질된 전복, 전복 내장을 가마솥에 흩뿌려주고, 약불에서 살짝 더 뜸을 들여 익힌다.

tip. 내장 투하 후 약불로 뜸 들이면 완성!

원기 회복에 좋은 김수미표 전복 내장 영양밥 완성!

재료 하나하나가
다 정성이에요.

"먹고 또 먹어도

질리지 않는 엄마 손맛~"

수미네반찬

전복찜

전복 바다의 명품, 전복은 비타민과 미네랄이 풍부한 식품이다. 맛과 영양이 뛰어난 전복으로 요리를 하면 명품 요리가 된다.

재료

전복(대) 4마리, 은행 10알, 물 100ml, 간장 3큰술, 꿀 2큰술,
참기름 1/2큰술, 통깨 1작은술

수미네
반찬
만드는 법

❶

전복 껍데기를 따고 내장을 제거한다.

tip. 전복을 깊게 잡고 숟가락을 살살 밀어 넣으면 안전하게 껍데기를 분리할 수 있다.

❷

전복을 칫솔로 깨끗하게 닦은 후 칼집을 내준다(양념이 잘 스며들 수 있게 앞뒤로 촘촘히).

❸

불을 켜고 팬에 물 100ml 살짝, 간장 3큰술 정도, 꿀 2큰술을 넣어준다.

수미네
반찬
만드는 법

양념 소스가 끓기 시작하면 손질한 전복을 넣는다.

tip. 간장 국물을 전복에 끼얹으며 중불로 5~6분간 끓인다.

기호에 맞게 은행 10알 정도 풍덩!

참기름 1/2큰술, 통깨는 기호에 맞게 뿌려주고 국물과 함께 그릇에 담아주면 완성!

수미네반찬

명란젓 계란말이

영양 만점 반찬으로 탁월! 특유의 짭조름한 맛이 일품!

재료

계란 7개, 백명란(적당량), 쪽파 5뿌리

수미네
반찬
만드는 법

❶
볼에 계란 7개를 풀어 잘 섞어준다.

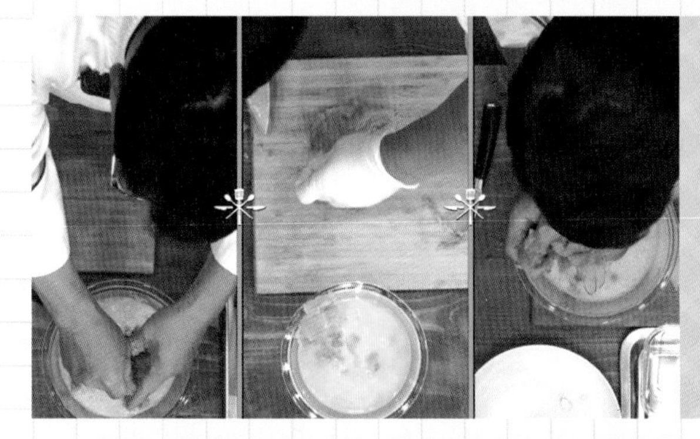

❷
백명란을 썰어서 손으로 잘게 으깬 후 계란물과 잘 섞어준다.

❸
쪽파는 잘게 썰어 계란물에 넣는다.

tip. 쪽파는 명란의 비린 맛을 잡아준다.

만드는 법

❹
팬에 계란 투하. 계란물을 조금씩 부어 가며 말아주면 더 쉽고 예쁘게 계란말이를 만들 수 있다.

❺
다 익으면 먹기 좋은 크기로 잘라 그릇에 담는다.

영양 만점 명란젓 계란말이 완성!

수미네
반찬

시골은 부엌에서 냄새가 방으로 다 들어오잖아.

방에 있으면 오늘 반찬이 무슨 반찬인지 다 알 수가 있어.

먹고 또 먹어도 질리지 않는 그 맛~

수미네반찬

part 3_ 아빠

수미네 반찬

아빠 생각

우리나라 사람들한테 소만큼 가까운 동물도 없지 싶어. 아니, 그냥 가깝다기보다는 같이 한솥밥 먹는 식구였다고 하는 게 더 맞겠지?

생구生口라고……, 이게 풀어서 말하면 '살아 있는 입이다~' 뭐, 이런 뜻이잖아. 그래서 소가 사는 외양간도 뒷간 옆에 두지 않고 바람이 잘 통하는 부엌 가까운 데 두었고, 외양간 지붕도 가마니라든지, 아니면 짚으로 짠 덕석 같은 걸 입혀서는 겨울에도 춥지 않도록 하고 항상 깨끗이 청소를 해서 정갈하게 관리를 했는데, 우리 집도 예외는 아니었어.

아버지는 우리 집 재산 목록 제1호인 송아지 한 마리를 일곱 살인 막내딸 이상으로 사랑하셨던 것 같거든. 항상 콩밭 옆 두렁에서 송아지에게 풀을 먹이셨는데, 바람 한 점 없던 어느 여름날! 아버지는 송아지 목줄을 내게 주시면서 말씀하시는 거야.

"큰 성 시집갈 밑천이여. 잘 먹여라."

그런데 아뿔싸! 마른하늘에 날벼락이라더니 아버지가 내려가신 뒤 갑자기 천둥소리가 요란하고 날이 캄캄해지는 거야. 그러더니 얌전히 풀을 뜯던 송아지가 천둥소리에 놀라 언덕 아래로 뛰어가지 뭐야. 나는 송아지 목줄을 팔에 감은 채 자갈길에 배를 갈리며 언덕 아래로 사정없이 끌려 내려갔어. 얼마나 끌려 내려갔을까? 아버지의 목소리가 천둥처럼 들리고 있었어.

"밧줄 놔버려라아아!"

하지만 나는 가시덤불에 팔뚝이며, 배가 쓸려 빨건 피를 흘리면서도 말했어.

"못 놔유, 우리 성 시집 못 가유!"

죽을힘을 다해 쫓아온 아버지의 팔 힘에 송아지는 멈췄고, 비 맞은 생쥐 꼴을 한 아버지는 나를 끌어안고 얼마나 우시던지.

'소'라는 동물이 오랜 세월 우리네 생활에서 한 식구처럼 가깝게 지내올 수 있었던 것은 어리석고 고집스러워 보일 정도로 우직하고 충직한 성품이 우리 선조들의 심성과 맞아떨어져서 그런 게 아닌가 싶

기도 한데, 아버지의 송아지 사랑은 끝이 없었어. 청솔가지로 뜨겁게 군불을 지펴서는 큰 가마솥을 하나 걸어놓고 작두로 숭숭 잘게 썬 볏짚에다가 콩깍지도 넣고, 겨도 한 줌 집어넣고 휘휘 저어가면서 푹푹 김이 날 때까지 여물을 쑤시며 친자식 돌보는 것처럼 있는 정성, 없는 정성 다 들여가면서 기르셨지.

그러던 어느 여름이었어.

산낙지를 구해 절구에 찧더니 물에 타서 송아지에게 조금씩 먹이시는 거야.

"왜 그 귀한 걸 송아지한테 준대유?"

내가 이렇게 묻자 아버지가 말씀하셨어.

"아침까지 멀쩡하던 송아지가 오후에 갑자기 쓰러졌는데, 얘가 너무 더워서 이런다. 기력이 없는 거야. 낙지는 여름 보양식이란다."

사나흘 산낙지를 먹은 송아지는 정말 거짓말처럼 벌떡 일어나 큰언니가 시집갈 때까지 우리 집 재산 목록 1호 노릇을 톡톡히 해냈는데, 나는 그때 처음으로 낙지의 위력을 안 거야. 낙지는 죽은 소도 벌떡 일어서게 한다는 그 말!

농사일을 하느라 얼굴부터 팔다리까지 거뭇거뭇해진 아버지는 유독 치아만은 새하얗던 기억이 나. 막내딸이 곰살맞게 애교라도 부리면 환한 미소를 지으며 번쩍 안아주시던 아버지는 우리 가족의 든든한 울타리였어. 항상 자신의 희생으로 가족의 행복을 지켜준 우리 아버지의 듬직한 뒷모습이 새삼 떠오르는 밤이야.

아빠 생각

수미네 반찬

수미네반찬

수미 반찬 °

코다리조림 / 오징어채 간장볶음 / 검은콩국수

셰프 반찬 °

두반 코다리 돼지볶음 /
프랑스 가정식 브랑다드, 냉정과 열정 /
코다리 애호박구이

코다리조림 오징어채 간장볶음 검은콩국수

수미네반찬

코다리조림

코다리 코를 꿰서 달았다고 해서 코다리~ 명태의 내장과 아가미를 빼 겨울철 찬바람에 반건조시킨 명태. 명태 코를 줄로 꿰어 네 마리씩 팔기 좋게 묶었다 하여 지어진 이름이다. 명태를 말리는 과정에서 생기는 살의 탄력감, 단단하면서도 쫄깃한 매력적인 식감으로 코다리에 한번 빠지면 헤어나기 어렵다!
명태 하나를 두고도 붙이는 이름이 다양하다.

생물 상태의 명태 → 생태
언 상태의 명태 → 동태
바짝 말린 명태 → 북어
명태 새끼를 말린 것 → 노가리
반건조 명태 → 코다리

재료

물 800ml, 양조간장 2국자(추가 1컵), 코다리 2마리, 다진 마늘 1국자, 다진 생강 1/2국자, 다시마 2장, 꽈리고추 500g, 매실액 1큰술, 꿀 1큰술, 후춧가루, 홍고추 2개, 대파 2대, 양파 1개, 통깨 2큰술, 굵은 고춧가루 3작은술

수미네
반찬
만드는 법

❶

팬에 물(800ml), 양조간장(2국자)을 넣고 끓인다.

❷

손질 후 토막 낸 코다리 2마리를 넣고 30분 정도 끓인다.

tip. 간장물이 끓으면 손질한 코다리 입수!

❸

물이 끓는 동안 부재료인 홍고추 어슷썰기, 양파 조금 크게 썰기

수미네
반찬
만드는 법

④
다진 마늘(1국자), **다진 생강**(1/2국자), **다시마 2장을 넣고 조린다.**

⑤
싱거울 것 같으면 양조간장을 조금(콸콸, 대략 1컵 정도) **더 추가한다.**

⑥
한소끔 끓어오르면 꽈리고추를 듬뿍(500g) **넣어준다.**

tip. 꽈리고추는 6~10월이 제철. 루틴과 감마아미노산이 풍부해 신진대사에 좋다. 꽈리고추의 캡사이신 성분은 생선과 육류의 비린내를 잡아준다.

수미네 반찬
만드는 법

❼
매실액(1큰술), **꿀**(1큰술), **후춧가루를 넣는다.**

tip. 절대 많이 들어가면 안 된다.

❽
양파는 도톰하게 홍고추(2개)**는 큼직하게 어슷하게 썰어 넣고, 중불에서 20분간 조린다.**

대파(2대), **통깨**(2큰술), **굵은 고춧가루**(3작은술)**를 넣은 후 한 번 더 푹 익히면 완성!**

tip. 대파는 마지막에 넣는다.

수미네반찬

오징어채 간장볶음

남녀노소, 어린아이부터 어른까지 사랑받는 반찬!

재료

오징어 실채 3줌(200g 정도), 올리브유 1큰술, 양조간장 5큰술, 꿀 3큰술, 통깨 2큰술, 참기름 1/2큰술

수미네 반찬

만드는 법

❶

오징어채 200g 기준, 간장볶음은 불 조절이 중요. 불은 약하게!

tip. 양조간장(5큰술), 꿀(3큰술), 통깨(2큰술), 참기름을 약간 넣어 양념장을 만든다.

❷

팬에 올리브유를 1큰술을 두르고 팬이 적당히 달궈질 때까지 기다린다. 맨손으로 기름을 만져도 될 정도로 열이 막 올라올 때 오징어채를 넣고 올리브유가 골고루 먹도록 바로 뒤집어준다.

❸

올리브유가 골고루 입혀지면 만들어놓은 양념장을 붓는다.

수미네
반찬
만드는 법

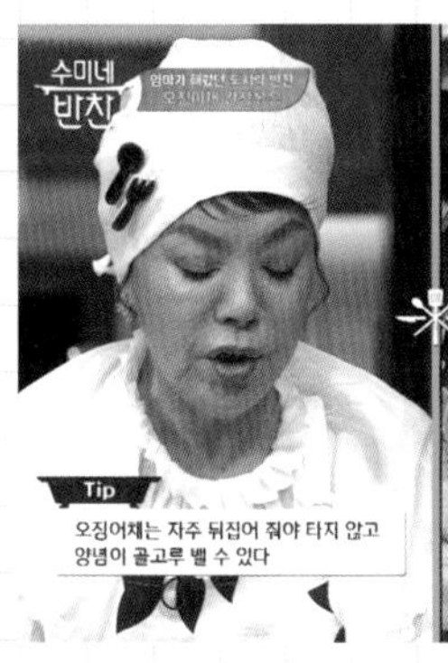

❹
양념장을 붓고 타지 않게 골고루 섞으며 익혀준다.

tip. 오징어채는 자주 뒤집어줘야 타지 않고 양념이 골고루 밸 수 있다.

불을 끄고 통깨를 뿌려 마무리한다.

요리, 어렵다고 생각하지 마.
감으로 하는 거야!

수미네반찬

검은콩국수

여름에 세 번만 먹어주면 되는 보양식! 검은콩은 일반 콩보다 노화 방지 성분이 4배가량 많이 함유되어 있다. 또한 독성의 활성화 억제, 시력 향상에 좋은 영향을 주고, 풍부한 단백질이 모발과 두피의 건강을 돕는다.

재료

검은콩 500g, 검은깨 2큰술, 물, 중면 4인분, 오이 1개, 토마토 1개, 검은깨 약간

수미네 반찬 만드는 법

❶

깨끗이 씻은 검은콩(500g)을 6시간 동안 물에 불린다.

tip. 검은콩은 6~8시간 동안 불려주기. 너무 오래 불리면 영양 성분이 손실되고 물러지며, 너무 짧게 불리면 딱딱해서 잘 갈리지 않을 수 있다.

❷

물에 불려둔 검은콩을 냄비에 넣고 '아, 삶아졌다' 할 때(30분 정도)까지 삶는다.

tip. 불린 콩물로만 삶기.

❸

삶은 검은콩을 믹서기에 넣고 검은깨 2큰술, 기호에 따라 물을 적당량 부어 곱게 갈아준 후 냉장고에서 차갑게 식힌다.

만드는 법

❹
중면을 삶아 차가운 물에 여러 번 헹궈 준다.

tip. 콩국수를 할 땐 중면으로!

❺
볼에 차가운 콩 국물을 붓고, 얼음과 함께 삶은 중면을 넣는다.

채 썬 오이와 토마토를 올리고, 검은깨로 마무리하면 완성!
기호에 따라 소금을 뿌려 먹는다.

tip. 비타민과 수분을 더해줄 토마토와 오이를 얹는다.

잊혀져서는 안 되는 한국의 반찬 문화.

〈수미네 반찬〉은 건강한 프로입니다.

셰 프 반 찬

여경래 셰프

두반 코다리 돼지볶음

오세득 셰프

프랑스 가정식 브랑다드, 냉정과 열정

미카엘 셰프

코다리 애호박구이

여경래 셰프

두반 코다리 돼지볶음

마파두부 스타일의 여 셰프 요리!

재료

코다리 4마리, 다진 돼지고기 200g, 고추기름 2큰술, 식용유 3큰술,
전분물 2큰술, 참기름 1큰술

양념장 다진 파 3큰술, 다진 마늘 1큰술, 생강 1작은술, 두반장 1큰술,
고추장 1/2큰술, 고춧가루 3작은술, 맛술 2큰술, 물 1/2컵,
설탕 1작은술(or 꿀 1/2큰술)

만드는 법

❶

코다리는 껍질과 가시를 모두 발라 살만 준비한다.

❷

미리 발라낸 코다리 살을 크게 썰고 팬에 식용유를 둘러 튀기듯 볶는다.

tip. 동태전 스타일의 코다리 살이 포인트!

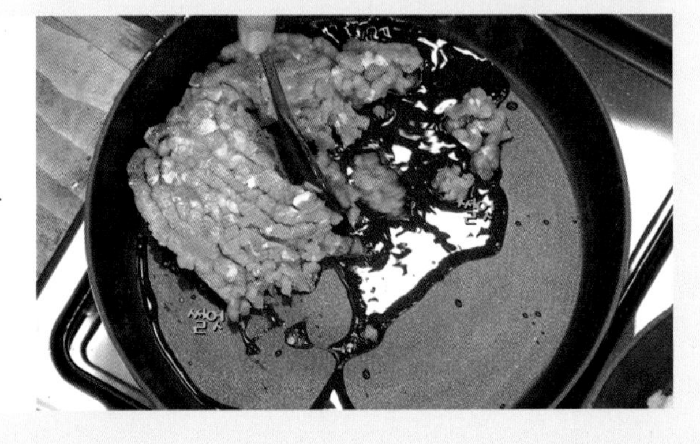

❸

다진 돼지고기 200g을 준비해 고추기름을 둘러 볶아준다.

만드는 법

❹

코다리 살이 익으면 체에 밭쳐 기름기를 빼준다.

❺

다진 돼지고기가 익으면 다진 파 3큰술, 다진 마늘 1큰술, 생강 1작은술, 두반장 1큰술, 고추장 1/2큰술, 고춧가루 3작은술, 맛술 2큰술, 물 1/2컵을 넣어 끓이고, 물이 끓으면 설탕 1작은술 혹은 꿀 1/2큰술을 넣어 더 끓인다.

❻

기름기를 쫙 뺀 코다리 살을 소스와 잘 어울리도록 섞어주고, 전분물 2큰술과 참기름 1큰술로 마무리!

만드는 법

여 셰프 스타일의 마파두부 요리 완성!

오세득 셰프

프랑스 가정식 브랑다드, 냉정과 열정

브랑다드는 소금에 절인 대구를 데친 후 올리브유, 우유 등을 혼합한 퓌레 형태의 프랑스 음식이다.

재료

바게트, 파슬리, 우유 500ml, 마늘 5쪽, 레몬 껍질 1/2개, 감자 2개, 월계수 잎 1장, 코다리 2마리, 양파 1/2개, 생크림, 소금, 간장 1작은술, 엑스트라버진 올리브오일 약간

마요네즈 소스 양파 1/4개, 사과 1/4개, 마요네즈 1컵, 설탕 100g, 레몬즙 10g

만드는 법

❶

냄비에 우유 500ml, 마늘 5쪽, 레몬 껍질 1/2개 분량, 월계수 잎 1장을 넣고 물에 불린 다음 잘 발라낸 코다리 살을 넣고 삶는다.

❷

양파 1/2개를 듬성듬성 잘라 넣고 푹 끓인다.

❸

코다리 살이 다 익으면 우유는 따로 담아두고, 코다리 살만 발라내 볼에 담아둔다.

만드는 법

④

핸드블렌더에 미리 삶은 감자와 코다리 살을 1:1 비율로 넣고, 코다리 살을 삶을 때 사용한 우유와 생크림을 넣고 갈아준다.

⑤

소금 한 꼬집과 감칠맛을 내는 간장 1작은술로 살짝 간을 하고 볼에 양파와 마요네즈 듬뿍, 설탕, 레몬즙을 담아 잘 섞어준 뒤 사과를 넣고 섞는다.

⑥

마요네즈 소스에 코다리 살을 조리한 것과 삶은 감자 절반을 넣어 잘 섞어준다. 수미의 냉정 완성!

tip. 사과는 마지막에 넣는다.

만드는 법

7

남은 코다리 살과 삶은 감자에 올리브유 듬뿍, 생크림도 촉촉이 넣어주고 잘 섞어 담아 오븐 직행!

8

180도의 오븐에서 10분 익히면 수미의 열정 완성!

tip. 토치를 이용해 윗부분을 노릇노릇하게 해주면 더 좋다!

9

수미의 냉정은 바게트와 함께, 파슬리 솔솔솔, 엑스트라 버진 올리브오일까지 올려주면 완성!

만드는 법

브랑다드 수미의 냉정과 열정!

"원래 서양 요리에는 간장을 안 쓰는데 코다리를 간장으로 조린 게 너무 맛있어서 응용하게 됐어요."

"머리로 하는 요리가 아닌,
정성과 사랑을 담은 반찬이 늘 그립습니다."

미카엘 셰프

코다리 애호박구이

'일명 애호박에 빠진 코다리!' 맛과 비주얼이 끝내줘요~

재료

애호박 2개, 코다리 1마리, 양파 1/3개, 밥 1/2공기, 버터 1큰술,
소금, 후춧가루 약간씩, 식용유 적당량, 쌈장 2큰술, 대파 1대, 토마토 1개,
마늘 5쪽, 오레가노 가루 약간

만드는 법

❶

애호박은 길게 반으로 잘라 숟가락으로 속을 파내 그릇 모양을 만든다.

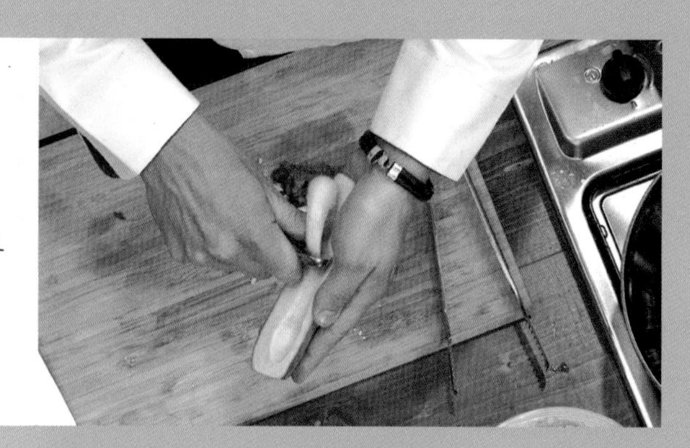

❷

달군 팬에 기름을 두르고 속을 파낸 애호박을 통째로 넣고 앞뒤로 노릇하게 굽는다.

❸

달군 팬에 기름을 두르고 미리 살만 발라 놓은 코다리 살을 넣어 볶는다. 후춧가루 약간과 버터 1큰술을 넣어 볶는다.

만드는 법

❹

다른 팬에 기름을 두르고 다진 양파 1/3개 분량과 파낸 애호박 속 다진 것을 넣어 볶는다. 이때 소금과 후춧가루로 간을 한다.

❺

호박 볶은 것에 밥을 1/2공기 정도 넣어 함께 볶다가 쌈장 2큰술, 다진 대파 1대 분량, 다진 토마토 1개 분량, 다진 마늘 5쪽 분량을 넣어 볶는다.

❻

마지막에 미리 볶은 코다리 살을 넣어 함께 섞어가며 볶은 뒤 오레가노 가루를 뿌려 완성한다.

만드는 법

완성된 볶음밥을 익힌 애호박 속에 채워 넣어 완성한다.

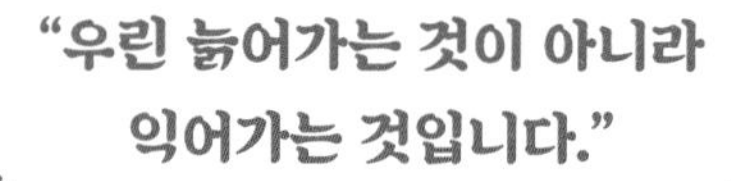

수미네반찬

수미 반찬 °

낙지볶음 / 조개탕 / 애호박 부추전 /
떡갈비 / 상추무침 / 오징어 도라지 초무침

셰프 반찬 °

한우 갈빗살 바게트구이 / 몽골리안 비프 /
비프 슬라이더(수미 굿모닝)

낙지볶음 조개탕 애호박 부추전

떡갈비 상추무침 오징어 도라지 초무침

수미네반찬

낙지볶음

필수아미노산이 풍부한 낙지는 보양식으로 인기가 높다. 낙지볶음용은 식감이 잘 살도록 큰 낙지를 사용. 낙지는 굵은소금으로 잘 씻어준 후 깨끗한 물로 헹구고 소금을 뿌려 손질한다.

재료

낙지 큰 것 3마리, 당근 1개, 양파 1개, 홍고추 2개, 풋고추 2개, 대파 2대, 마늘 10알, 가래떡 2줄, 참기름 1큰술, 통깨 1큰술

양념장 고춧가루 4큰술(추가 4~5큰술), 간장 2큰술(추가 1~2큰술), 설탕 1큰술, 참기름 1/2큰술, 물 1~2큰술, 다진 마늘 6~7큰술

수미네 반찬

만드는 법

❶

냄비에 물부터 끓인 후 깨끗이 씻은 낙지를 끓는 물에 약 3초간 데친 다음 건져서 찬물로 헹군다.

tip. 낙지는 3초 데치고 바로 꺼낸다.

❷

낙지 머리를 잘라 내장과 눈을 제거한 뒤 다리를 10cm 정도의 길이로 자른다.

tip. 낙지는 조리 중 쪼그라드니 큼직하게, 당근은 3등분해서 세로 방향으로 길게, 양파는 도톰하게, 고추는 어슷하게, 대파는 큼직하게 썰어 볼에 담는다.

❸

볼에 고춧가루(4큰술), **간장**(2큰술), **설탕**(1큰술), **참기름**(1/2큰술), **물**(1~2큰술) **을 넣고 섞어 양념장을 만든 다음 잠시 두어 고춧가루를 불린다.**

tip. 낙지볶음 양념은 고춧가루, 간장, 설탕, 참기름에 물을 넣어 촉촉하게!

수미네 반찬
만드는 법

④

손질한 낙지에 양념장을 넣은 뒤 다진 마늘(6~7큰술)을 추가한다.

tip. 미리 개어둔 양념장도 투하! 마늘 향이 싫은 분들은 적당량 사용.

⑤

대파를 제외한 채소(당근, 양파, 홍고추, 풋고추)를 넣고 고춧가루(4~5큰술)를 더 섞는다.

tip. 수미네 양념장 포인트! 새빨간 양귀비꽃 같은 고춧가루 추가~

⑥

달궈진 팬에(물, 기름 없이) 양념된 낙지와 채소, 반 토막 낸 마늘(10알), 가래떡(2줄)을 넣고 센 불에서 재빠르게 볶는다.

tip. 가래떡 투하. 낙지볶음에 가래떡을 넣으면 매운맛을 덜어주고, 가래떡의 쫄깃한 식감이 낙지와 조화를 이룬다.

수미네
반찬
만드는 법

완성

퍽퍽하면 물을 더 넣고, 싱거우면 간장을 더 넣고 볶다가 대파(2대), 참기름(1큰술), 통깨(1큰술)를 넣어 주면 침, 땀, 눈물 쏙 빼는 중독적인 매운맛, 수미네 낙지볶음 완성!

tip. 낙지는 오래 볶으면 질겨지므로 약 10분 이내로 볶기. 달궈진 팬에 기름을 넣지 않고 센 불에 빠르게 조리! 얼음물에 헹궈준 소면, 아삭아삭한 콩나물 무침을 싱싱한 쌈 채소와 곁들이면 더욱 맛있는 낙지볶음이 된다.

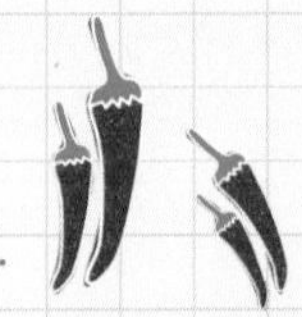

영원히 잊지 못할 낙지볶음의 추억.
그 시절이 내 인생에서 제일 행복했던 때야.

"행복이 뭐 멀리 있나요?
맛있는 밥 한 끼면 행복한 걸……."

수미네반찬

조개탕

맑고 시원한 국물과 칼칼한 맛이 일품!

재료

조개(백합) 20개 정도, 소금(한 꼬집), 다시마 1장(10×10cm 크기),
다진 마늘 1큰술, 홍고추 1/2개, 청양고추 1/3개, 부추 4줄기, 쪽파 5뿌리

수미네
반찬
만드는 법

❶
조개는 소금물에 10분 정도 담가두었다가 박박 문질러 불순물을 제거해 준다.

❷
냄비에 물을 붓고 끓는 물에 다시마를 넣어 끓인다. 오래 끓일수록 국물이 진해진다.

❸
다시마 물이 끓으면 해감한 조개, 다진 마늘(1큰술), 소금(한 꼬집)을 넣어준다.

수미네
반찬
만드는 법

4

한소끔 끓인 후 조개가 익어 입이 벌어지면 잘게 썰어둔 홍고추와 청양고추를 넣고, 1cm로 썬 부추와 얇게 송송 썬 쪽파를 넣는다.

tip. 홍고추, 청양고추는 얇게 조금만!

완성

밥 먹을 때, 술 마실 때, 수미네 매운 낙지볶음을 먹을 때에도 시원한 국물이 일품인 조개탕 완성!

속을 시원하게 풀어줄 거야 ~~

수미네반찬

애호박 부추전

입이 심심하거나 입맛이 떨어질 때 애호박 부추전 어때요?

재료

튀김가루 1큰술, 밀가루 1컵, 소금 한 꼬집, 다진 마늘 1큰술, 애호박 1/2개, 부추 1줌, 홍고추 1/5개, 청고추 1/5개, 물 1컵

만드는 법

❶

볼에 밀가루를 적당히 넣고(1컵 정도) 바삭한 전을 만들기 위한 수미네 특급 비법, 튀김가루를 밀가루 분량의 1/10 정도 넣는다(밀가루 : 튀김가루=10 : 1 비율).

tip. 밀가루에 튀김가루를 넣는 것이 포인트!

❷

밀가루에 물을 적당히(1컵 정도) 부어준다. 소금도 한 꼬집 넣어 간을 살짝 해 준 후 반죽이 걸쭉해지도록 골고루 개어준다.

tip. 반죽은 약간 걸쭉함이 느껴지도록! 반죽의 점도는 물을 넣어가며 조절!

❸

걸쭉해진 반죽에 다진 마늘(1큰술)을 넣는다.

수미네
반찬
만드는 법

❹
애호박을 채 썰어 밀가루 반죽에 넣는다.

tip. 굵기는 너무 가늘어도 맛없고 중간으로!

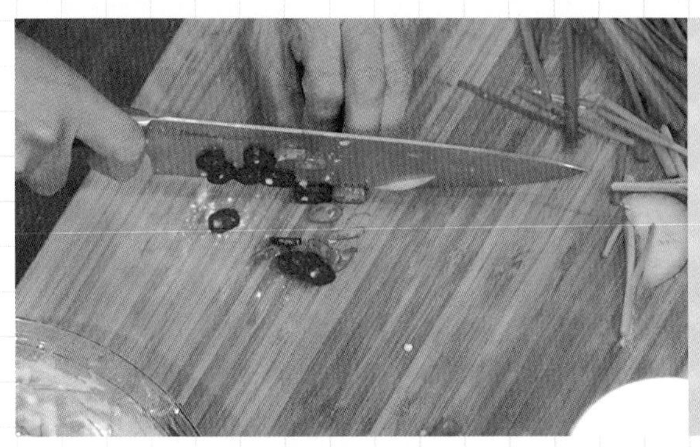

❺
부추를 5~7cm 길이로 채 썰고 홍고추(1/5개), 청고추(1/5개)도 얇게 썰어 반죽에 넣고 섞어준다.

tip. 1/5 정도씩 썰어서 반죽에 넣어주세요.

❻
달구어진 프라이팬에 기름을 두르고 야채가 들어간 반죽을 얇게 펼치며 전을 부쳐준다.

tip. 최소한의 양으로 해 얇게 펼치는 것이 포인트!

수미네
반찬
만드는 법

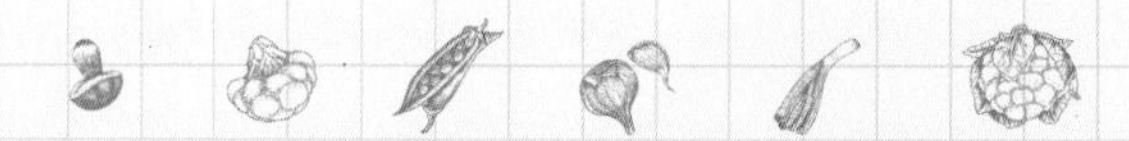

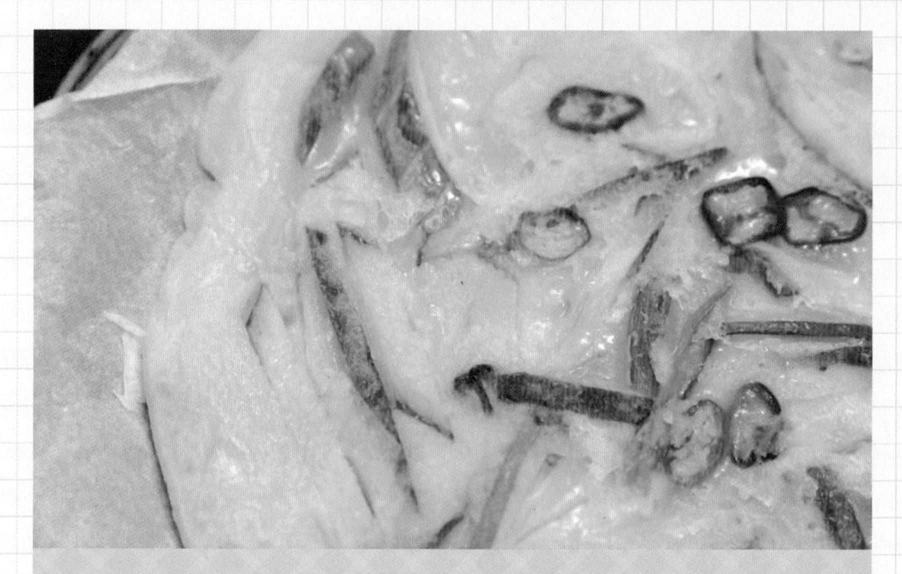

김수미표 애호박 부추전 완성!
노릇노릇 구워진 애호박 부추전은 여름철 출출할 때 최고.

수미네
반찬

다 죽여놓을 거야!

대견
기특

그 어려운 걸 해냅니다 내가...

좋았어! 좋았어!

어!

ㅎ ㅎ ㅎ ㅎ ㅎ ㅎ ㅎ ㅎ ㅎ ㅎ
낙지볶음에?!
이런 된장~!!

ㅎ ㅎ ㅎ ㅎ ㅎ ㅎ ㅎ ㅎ ㅎ ㅎ

OH MY GOD!

"힘 닿는 데까지
〈수미네 반찬〉 만들 거예요"

수미네반찬

떡갈비

남녀노소 누구나 좋아하는 떡갈비! 잠도 설치고 입맛도 떨어져 기운이 없을 때 기력 보충을 위한 음식으로 떡갈비만 한 것도 없다. 임금님 밥상도 부럽지 않을 떡갈비를 한번 만들어보자.

재료

갈빗살 600g, 간장 10큰술, 찹쌀가루 1.5큰술, 다진 마늘 1큰술, 참기름 1큰술, 후춧가루 1/2큰술, 꿀 2큰술, 표고버섯 2개, 양파 1/8개, 잣가루

수미네 반찬 만드는 법

❶

갈빗살 600g을 잘게 칼로 다진다.

tip. 갈빗살 600g은 떡갈비 3~4쪽 정도의 양.

❷

볼에 간장 요만치(10큰술), 찹쌀가루(1.5큰술), 다진 마늘(1큰술), 참기름 찔끔(1큰술), 후춧가루(1/2큰술)를 넣어 양념장을 만든다.

❸

양념장에 다진 갈빗살을 넣고 주물러 준다. 반죽의 찰기를 본 뒤 부족한 경우 찹쌀가루 1~1.5큰술 정도를 추가한다.

tip. 다진 고기를 넣어 양념이 배도록 한다. 찰기가 없으면 찹쌀가루 1~2큰술을 추가한다.

수미네
반찬
만드는 법

❹
꿀 2큰술을 넣는다.

tip. 떡갈비는 약간 달달하게 만든다.

❺
자루를 제거한 표고버섯 2개, 양파 1/8개를 다져 고기와 섞는다.

tip. 고기는 많이 치댈수록 끈기가 생긴다.

❻
떡갈비 반죽을 네모나고 넓적하게 잡아준 뒤 가운데에 갈비뼈를 넣고 잘 감싸준다.

tip. 반죽은 많이 치댈수록 탄력이 생겨 구울 때 갈라지지 않는다. 잘 치댄 고기 가운데에 갈비뼈 넣어 감싸기.

수미네
반찬
만드는 법

달궈진 숯불에 석쇠를 올리고 석쇠가 달궈지면 떡갈비를 올려 은은하게 굽는다.

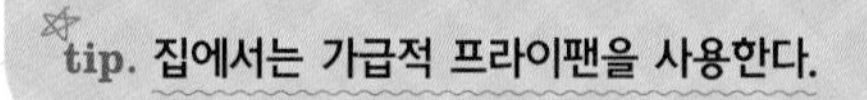

tip. 집에서는 가급적 프라이팬을 사용한다.

7 TIP

은은하게 구워야 속까지 잘 익는다. 석쇠가 뜨거울 때 올려야 안 탄다.
갈빗살을 곱게 다져 만든 떡갈비는 으스러지지 않도록 가급적 자주 뒤집지 않는다.

다 구워진 후 떡갈비 위에 잣가루를 뿌려주면 임금님 밥상도 부럽지 않게 만드는 김수미표 떡갈비 완성!

수미네반찬

상추무침

떡갈비에 곁들여 먹으면 좋은 상추무침. 맛을 보면서 입맛에 맞춰 간을 조절하는 것이 좋다.

재료

상추 3줌, 배 1/4개, 양파 7/8개

양념 간장 4큰술, 참기름 1큰술, 깨소금 2작은술, 고춧가루 2작은술, 다진 마늘 2큰술, 꿀 약간, 통깨 약간

수미네 반찬 만드는 법

❶
상추는 씻어서 물기를 빼고 손으로 먹기 좋게 찢는다.

❷
볼에 간장, 참기름, 깨소금, 고춧가루, 다진 마늘을 넣어 양념장을 만들고 채 썬 양파와 배를 넣는다.

❸
양념장에 상추를 한꺼번에 넣지 않고 한 주먹씩 버무린다.

tip. 상추무침은 부드럽게 아기 다루듯!

수미네
반찬
만드는 법

새콤달콤 상추무침 완성!

수미네반찬

오징어 도라지 초무침

도라지는 7~8월이 제철! 사포닌과 칼슘이 풍부. 호흡기 질환과 골다공증에 좋다. 가닥이 적고 굵은 도라지 사는 것 추천.

재료

반건조 오징어 2마리, 도라지 2줌, 굵은소금 2.5큰술, 매실액 3큰술, 고추장 2큰술, 꿀 3큰술, 식초 3~5큰술, 양파 1/2개, 다진 마늘 1큰술, 대파 1대, 오이 1/2개, 고춧가루 5작은술, 통깨 1큰술

수미네 반찬
만드는 법

❶
반건조 오징어(2마리)의 껍질을 벗긴다.

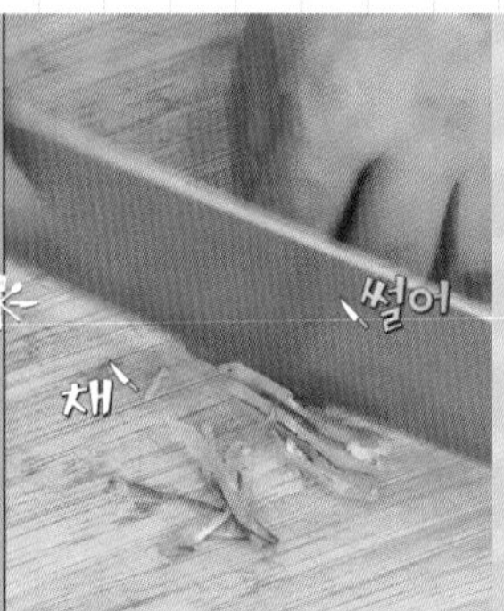

❷
다리는 먹기 좋은 크기로, 몸통은 얇게 채 썰어준다.

❸
먹기 좋은 크기로 썬 도라지에 굵은소금(1큰술)을 넣고 찬물에 싹싹 문질러 씻는다.

tip. 도라지는 소금물에 씻어야 숨이 살짝 죽는다. 두꺼운 도라지는 한 번 더 손질.

수미네
반찬
만드는 법

❹

볼에 매실액(3큰술), **고추장**(2큰술), **꿀**(3큰술), **식초**(3~5큰술, 간을 봐가면서)**를 넣는다.**

tip. 매실은 신진대사를 활성화시켜주며 식욕 증진, 구취 해소 등에 도움이 된다.

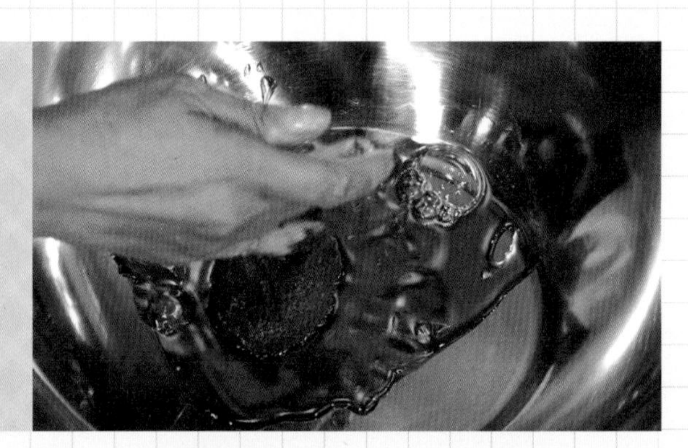

❺

양념 볼에 다듬어놓은 양파(1/2개)**와 도라지, 다진 마늘**(1큰술)**을 넣어 버무린다.**

❻

대파 1대의 잎몸 쪽만 어슷하게 채 썰어 넣고, 반 갈라서 어슷하게 썬 오이(1/2개), **고춧가루**(5작은술)**를 넣는다.**

수미네
반찬
만드는 법

❼
굵은소금(1/2작은술)을 넣고, 기호에 따라 통깨를 넣는다.

tip. 통깨 적당히!

❽
반건조 오징어를 넣고 함께 무친다.

새콤달콤 오징어 도라지 초무침 완성!

"선생님의 음식에는 부정적인 요소가 없어요.
선생님과 함께 요리하면서 음식에 대한 엄마의 정성을 느꼈습니다.
머리로 하는 요리 지식하고, 세월이 만든 고수의 솜씨하고 너무 다르구나!
오늘 전 또 배우고 갑니다."

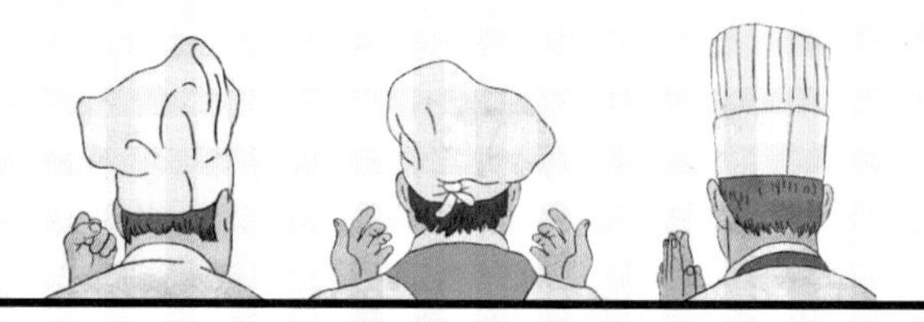

셰프 반찬

미카엘 셰프

한우 갈빗살 바게트구이

여경래 셰프

몽골리안 비프

오세득 셰프

비프 슬라이더(수미 굿모닝)

미카엘 셰프

한우 갈빗살 바게트구이

미카엘이 어렸을 때 엄마가 만들어주신 추억의 반찬! 주재료는 빵!

재료

바게트 9쪽, 갈빗살 300g, 달걀 1개, 소금 한 꼬집, 후춧가루 약간,
허브 가루 1/2작은술, 모차렐라 치즈 2줌, 스모크 치즈 갈아서 3~4큰술,
양파 1/4개, 파슬리 약간, 버터 약간

만드는 법

❶

볼에 잘게 다진 갈빗살, 달걀 1개, 소금 한 꼬집, 후춧가루 조금, 허브가루 1/2작은술, 모차렐라 치즈, 훈제 맛 나는 스모크 치즈를 넣어준다.

❷

양파 1/4개를 채 썰고 파슬리를 다져 함께 버무린다.

❸

바게트에 버터를 발라준 뒤 고기 반죽을 올린다.

만드는 법

마지막으로 오븐에 넣고 구우면
맛있는 한우 갈빗살 바게트구이 완성!

여경래 셰프

몽골리안 비프

비주얼은 우리나라 불고기와 비슷! 두반장 소스에 콕~
갈빗살의 색다른 변화!

재료

갈빗살 220g, 물 2큰술, 다진 키위 3큰술, 양조간장 1큰술,
후춧가루 조금, 굴소스 1큰술, 다진 마늘 1큰술, 다진 대파 1/2큰술,
다진 물밤 80g, 양파 1개, 팽이버섯 100g, 식용유 2큰술

만드는 법

❶
한우 갈빗살 220g을 결 반대 방향으로 얇게 썰어준다.

❷
썬 고기를 볼에 담은 다음 물을 약간 넣고 치댄다.

tip. 고기에 물을 넣고 치대면 육즙이 나와 맛을 더 풍부하게 한다.

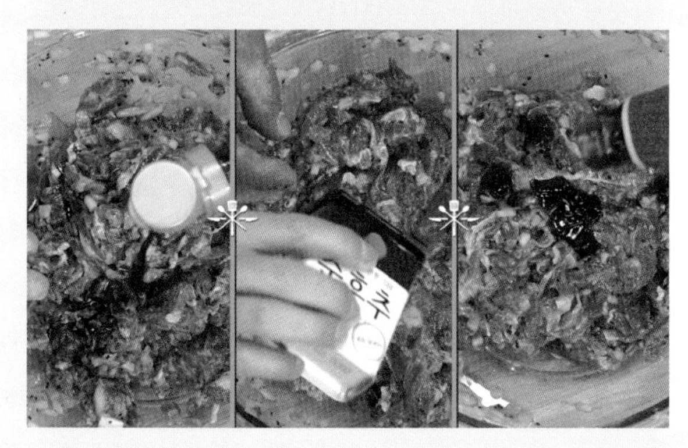

❸
다진 키위 3큰술, 양조간장 1큰술, 후춧가루 조금, 굴소스 1큰술을 넣는다.

만드는 법

❹

다진 마늘 1큰술, 다진 대파 1/2큰술, 다진 물밤 80g을 추가한다.

tip. 물밤은 아삭아삭하며 은근한 단맛을 지니고 있는 식재료(사그락사그락 씹히는 맛이 있다.)

❺

마지막으로 양파 1개와 팽이버섯 100g도 잘게 썰어 섞어준다.

❻

프라이팬에 양념한 고기를 몽땅 투하!

만드는 법

두반장 소스와 먹으면 더욱 별미인 몽골리안 비프 완성!

오세득 셰프

비프 슬라이더(수미 굿모닝)

비프 슬라이더는 한입 크기의 빵 사이에 양파와 고기 등을 넣어 만든 작은 버거를 말한다.

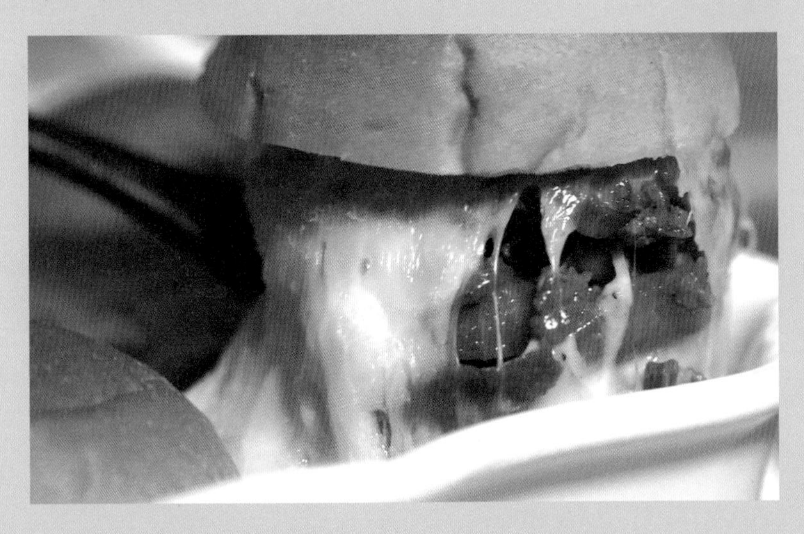

재료

모닝빵 6개, 양파 1개, 버터 2큰술, 허브 타임, 월계수 잎 1장, 갈빗살 300g, 참기름 1큰술, 그뤼에르 치즈, 모차렐라 치즈, 후춧가루 조금

양념 간장 9큰술, 꿀 6큰술, 후춧가루, 다진 마늘 1/2큰술, 찹쌀가루 1/2큰술

만드는 법

①

양파를 동그란 모양을 살려 도톰하게 썬다.

②

달군 팬에 버터를 두른 다음 양파를 넣고, 허브 타임과 월계수 잎 1장을 넣은 후 타지 않게 7~8분 볶아준다.

③

서양식에 한국식 양념을 얹힌다. 다진 갈빗살에 양념을 넣고, 참기름도 1큰술 넣어 잘 섞는다.

tip. 간장 9큰술, 꿀 6큰술, 후춧가루 조금, 다진 마늘 1/2큰술, 찹쌀가루 1/2큰술을 넣어 양념장을 만든다.

만드는 법

④

충분히 볶은 양파에 양념한 갈빗살을 넣어 함께 볶는다.

⑤

모닝빵을 반으로 자른 뒤 빵 위에 볶은 고기를 듬뿍 올린다.

⑥

슬라이스 한 그뤼에르 치즈와 모차렐라 치즈도 듬뿍 얹고 빵을 덮는다.

만드는 법

7
오븐에 10분 정도 구워주면 끝!

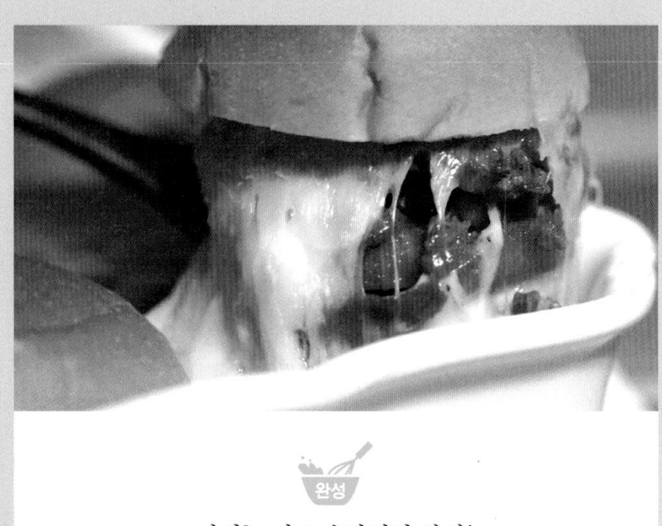

완성
맛있는 비프 슬라이더 완성!

수미네 반찬

수미네 한 끼는 밥을 먹는 것이 아닌 정을 나누는 것!

수미네 반찬

수미네 반찬

김수미표 요만치 레시피북 ①

2018년 10월 30일 1판 1쇄 발행
2024년 11월 13일 1판 46쇄 발행

지은이 | 김수미 · 여경래 · 최현석 · 미카엘 아쉬미노프 · tvN 제작부
펴낸이 | 이종춘
펴낸곳 | BM (주)도서출판 성안당
주소 | 04032 서울시 마포구 양화로 127 첨단빌딩 3층(출판기획 R&D 센터)
10881 경기도 파주시 문발로 112 파주 출판 문화도시(제작 및 물류)
전화 | 02) 3142-0036
031) 950-6300
팩스 | 031) 955-0510
등록 | 1973. 2. 1. 제406-2005-000046호
출판사 홈페이지 | www.cyber.co.kr
ISBN | 978-89-315-8701-2
978-89-315-8700-5(세트)
정가 | 17,000원

이 책을 만든 사람들
기획·편집 | 백영희
레시피 정리 | 키친 콤마 대표 김지현
화면 편집 | 이용희
교정 | 권영선
표지·본문 디자인 | 박소희, 이순민
홍보 | 김계향, 임진성, 김주승, 최정민
국제부 | 이선민, 조혜란
마케팅 | 구본철, 차정욱, 오영일, 나진호, 강호묵
마케팅 지원 | 장상범
제작 | 김유석

■ **도서 A/S 안내**

성안당에서 발행하는 모든 도서는 저자와 출판사, 그리고 독자가 함께 만들어 나갑니다.
좋은 책을 펴내기 위해 많은 노력을 기울이고 있습니다. 혹시라도 내용상의 오류나 오탈자 등이 발견되면 **"좋은 책은 나라의 보배"**로서 우리 모두가 함께 만들어 간다는 마음으로 연락주시기 바랍니다. 수정 보완하여 더 나은 책이 되도록 최선을 다하겠습니다.
성안당은 늘 독자 여러분들의 소중한 의견을 기다리고 있습니다. 좋은 의견을 보내주시는 분께는 성안당 쇼핑몰의 포인트(3,000포인트)를 적립해 드립니다.

잘못 만들어진 책이나 부록 등이 파손된 경우에는 교환해 드립니다.